长江下游超细疏浚砂
在混凝土中的应用技术研究

桑　勇　宁英杰　叶林杰　赵颖超　等编著

东南大学出版社
SOUTHEAST UNIVERSITY PRESS
·南京·

图书在版编目(CIP)数据

长江下游超细疏浚砂在混凝土中的应用技术研究 /
桑勇等编著. —南京:东南大学出版社,2023.3
    ISBN   978-7-5766-0539-6

    Ⅰ.①长… Ⅱ.①桑… Ⅲ.①长江-下游-疏浚-砂
-应用-混凝土 Ⅳ.①TU528

中国版本图书馆 CIP 数据核字(2022)第 249967 号

责任编辑:杨　凡　**责任校对**:韩小亮　**封面设计**:顾晓阳　**责任印制**:周荣虎

长江下游超细疏浚砂在混凝土中的应用技术研究

编　　著	桑　勇　宁英杰　叶林杰　赵颖超　等	
出版发行	东南大学出版社	
社　　址	南京市四牌楼 2 号(邮编:210096　电话:025-83793330)	
网　　址	http://www.seupress.com	
经　　销	全国各地新华书店	
印　　刷	广东虎彩云印刷有限公司	
开　　本	700 mm×1000 mm　1/16	
印　　张	13.75	
字　　数	262 千字	
版　　次	2023 年 3 月第 1 版	
印　　次	2023 年 3 月第 1 次印刷	
书　　号	ISBN　978-7-5766-0539-6	
定　　价	78.00 元	

本社图书若有印装质量问题,请直接与营销部联系,电话:025-83791830。

本书编写单位

浙江交工新材料有限公司

长江南京航道工程局

浙江交工集团股份有限公司

绍兴市城投建筑工业化制造有限公司

本书编写委员会

桑　勇　　宁英杰　　叶林杰　　赵颖超

夏新华　　白丽辉　　楼树桢　　吴迪高

李清云　　王小龙　　陈旭光　　胡国栋

王张翔　　樊宸孛

长江航运业越来越发达。为保证长江的通航能力,需定期对航道进行整治作业,由此产生了数量巨大的疏浚砂。一方面,以往疏浚砂的处理方式主要是在航道管理部门指定区域抛弃,抛砂过程不仅会对河流环境及河流生态系统造成不良影响,而且影响航道疏浚的效果。另一方面,大量的河砂作为细骨料被用于混凝土中,造成了严重的资源短缺,对河流生态系统和防洪产生了负面影响。使用疏浚砂替代河砂实现废弃物资源化利用,用超细砂部分取代细骨料制备砂浆和水工混凝土是超细砂资源化利用的重要途径。基于此,本书以疏浚砂制备的砂浆及水工混凝土为研究对象,开展了超细砂对砂浆、水工混凝土的性能影响规律研究。通过试验与理论分析,明晰了蒸养制度对疏浚超细砂浆与水工混凝土的强度和孔结构的影响,提出了超细砂混凝土配合比优化方法,揭示了疏浚砂水工混凝土的静动态力学特性。相关研究对疏浚砂的资源化应用具有重要的理论意义及工程应用价值,取得了如下创新性研究成果:

(1)基于熵权法和权重评估建立了引入多个参数耦合为综合形态特征参数的 TOPSIS-灰色关联分析法,实现了直接根据细集料的颗粒形态特征进行综合评价。结合整体综合系数分布、正态分布验证、"周长-面积"分形维数,实现了对不同细集料颗粒的形态特征、不同种类细集料颗粒群的整体形态特征的综合评价,为疏浚砂替代机制砂、河砂制备混凝土提供理论依据。

(2)结合回归模型及响应诊断开展了使用多目标同时优化技术来调整混凝土中的砂率。基于全局合意性函数进行数值优化,建立了一种基于多目标优化混合超细疏浚砂的水工混凝土配合比方法,计算测试出混凝土中采用长江疏浚砂的最优替代率为

50%，为尽可能利用疏浚砂来获得更具生态效益的水工混凝土提供基础。

（3）基于热力学第一定律揭示了能量耗散与能量释放综合作用下水工混凝土的变形破坏原理。设计了单调加载作用带不同围压工作下的分析和试验方法，揭示了单调加载作用后水工混凝土的力学特性及能量损伤机理，提出并构建了相应的能量损伤演化模型，为预测水工混凝土的耐久性提供了有效理论分析方法。

CONTENTS 目 录

1 绪论

1.1 研究背景及意义

随着国家资源节约、环境保护、长江大保护等政策的发布实施,传统的开山采石等方式受到限制。同时,天然砂石材料面临严重短缺和枯竭,给工程建筑领域带来不利影响。长江南京以下深水航道维护会产生大量疏浚砂,目前疏浚砂通常的处置方法主要有:一是抛弃至附近或指定水域;二是用于围垦造地;三是作为建材资源化利用,以减轻对环境的影响,间接地减少土地占用,降低工程造价。大量利用废弃疏浚砂可有效缓解天然砂石材料短缺和枯竭问题。在目前中国对于生态环境极为重视的宏观背景下,前两种处置途径受到越来越多的限制。疏浚砂的建材资源化利用是一个较为切合实际的途径,对推动绿色发展、促进长江生态保护起到积极作用,也是积极践行习近平总书记"绿水青山就是金山银山"重要论述的有力举措。近年疏浚砂的建材化利用研究主要表现在以下三个方面:① 使用聚合物或水泥等胶凝材料对其进行固化处理;② 烧制成轻质陶粒骨料;③ 进行预处理后,部分取代河砂细骨料。但以上建材化利用存在水泥固化疏浚砂土制品容易开裂,陶粒骨料烧制过程中会产生新的污染物而对环境造成二次破坏,疏浚砂取代河砂骨料用量少(一般少于 50%)等问题。因而亟待寻找更加经济有效的方法处置日益增加的废弃疏浚砂。以疏浚砂为主要原料制备新型砂性混凝土材料,一方面可以大量利用疏浚砂、粉煤灰等工业废渣,减少土地占用,解决固体废物的二次污染,缓解航道整治工程等对环境的影响;另一方面可以减少水泥用量,降低工程造价,具有良好的生态效益和广阔的应用前景。

基于此,本书以疏浚砂在砂浆及水工混凝土中的应用作为主要研究目标,通过将试验与理论分析相结合,开展长江下游疏浚砂砂浆及水工混凝土力学性能研究,以分析蒸养制度对疏浚超细砂浆的强度和孔结构的影响,研究最大化利用疏浚砂的混凝土配合比优化方法,揭示疏浚砂水工混凝土的静动态力学特性及三轴荷载下的损伤机理,为在砂浆和水工混凝土中最大化利用疏浚砂提供基础,具有重要的理论意义及工程应用价值。

1.2　研究现状

砂性混凝土是一种具有与普通波特兰水泥混凝土相似强度的新型混凝土,其主要由砂、水泥、填料(矿粉、粉煤灰或石灰石粉等)、水和高效减水剂等组成,其中砂替代普通混凝土中的粗骨料,粉煤灰、矿粉等填料替代普通混凝土中的细骨料,水泥为黏结剂,同时必须掺入高效减水剂增加其流动性[1-3]。该组成混凝土通过粉煤灰、矿粉等填料细颗粒的填塞作用,基于获得的合理良好的颗粒级配制备以砂为主要原料的新型混凝土。

砂性混凝土又可称为细粒混凝土或无粗骨料混凝土,砂性混凝土与普通混凝土的区别在于砂性混凝土具有高含量的砂。通常砂性混凝土具有低的水泥掺量($250\sim400$ kg/m³)、低水灰比和比普通砂浆更高的抗压强度[4]。由于可以使用大量的砂,不需使用粗集料,砂性混凝土主要用于沙漠等石子缺乏而砂供应量大的地区[5]。与普通混凝土相比,砂性混凝土具有很高比例的砂用量、低比例的水泥用量和低水灰比,同时比普通砂浆具有更高的抗压强度等力学性能[5-8]。研究表明,在砂性混凝土中加入石灰石粉等细粒填料作为填充剂,可以保持足够的黏度,从而减少泌水、离析和沉降。然而,过量的细粒填料会使混凝土各组成的比表面积显著增加,从而大大增加需水量。

1.2.1　水运工程疏浚砂研究现状

港口、航道整治工程中产生的疏浚砂体量较大,工程界首先尝试了对其资源化处置。在港口的疏浚工程中,利用疏浚土吹填造陆是对其资源化利用的最早方式之一。由于疏浚土往往土颗粒细、含水量高、孔隙比大,其形成的地基土强度低、承载后变形大,引起建筑物下沉量大,容易造成建筑物失稳。因此,疏浚土吹填的陆域往往需要固结处理。针对吹填土的特征,工程界开发了强夯法、动力排水固结法、真空预压法、高真空击密法等物理排水固结工艺来提高其强度,降低其沉降。另外,根据当地废弃土的化学性质,也可以通过向土体中加入化学添加剂并产生化学反应来提高废弃土的固结程度。例如,日本中部国际机场就是在利用名古屋港的疏浚土吹填造陆的基础上建成的,我国天津滨海新区和温州沿海产业带开发中也分别应用了天津港和温州港的疏浚土吹填所造陆域。

在国外,出于环保意识的增强和对资源高效利用的考虑,对土建过程中产生的废弃土和砂都进行了高效的回收利用。而强度较低的弃土和疏浚泥沙则需要经过固化处理才能使用。一般的处理方法是添加矿物填料如石灰石粉末,有研究表明,添加3%～6%的石灰石粉末能够显著增强废弃土的工作性能和力学性能,并将其用于道路建设和地基处理过程当中。

Colin[6]研究了水运工程弃土的资源化利用,他将淤泥和砂性弃土进行混合,并分别向淤泥和砂性弃土中加入氧化钙和胶凝材料并研究其力学特性,研究结果表明水运工程弃土经过固结处理之后,土体的膨胀系数较小而阻力增长系数较大,随后处理过的弃土被用作垫层应用于港口工程中的地基和基础工程建设中。同时Pierre[7]也对河流弃土性质进行了分析,并对弃土进行相应的固结处理,最终将研究成果应用于道路工程建设材料中。Basha 等[8]分析了水泥和稻壳灰对废弃土固结程度和力学性能的影响,研究结果表明,向废弃土中加入水泥和稻壳灰会降低废弃土的塑性,并且如果水泥和稻壳灰含量增加,废弃土的抗压强度也会增加,最终他们提出了最佳的水泥和稻壳灰配比来对废弃土进行固结处理。

砂性弃土作为航道整治工程的主要废弃土,在我国诸多流域以及沙漠地区中含量丰富,但因为砂性弃土中的砂粒粒径较小,力学性能和稳定性都比较差,因此对于疏浚砂的应用不多,且其主要被用于道路工程中。梁军堂等[9]将 NS 固沙材料(New-type Solidification Material)添加到砂样中研究其在道路地基处理中的应用前景,结果表明,当向砂中添加掺量为 16% 的固沙材料时,原砂样的 28 d 抗压强度可以达到 6.0 MPa,该强度满足沙土资源丰富地区的道路对于材料强度的要求。韩致文等[10]则选择对塔里木沙漠公路的地基添加 LVA、LVP、WBS、STB(不同品种和配方的高分子材料)四种不同的固沙剂,经过不同固化剂处理的砂体的抗压强度均能达到 1.0 MPa 以上,杨青等[11-12]向铁尾矿砂中掺加石灰石粉和水泥并对其物理和力学性能进行了试验研究,试验结果表明,加入掺合料后铁尾矿砂稳定状态下 28 d 无侧限抗压强度能够达到 2.3 MPa 及以上,有良好的应用前景。曾方[13]则采用了 CSB 和 PCSB 两种固化剂对河砂进行固化处理并开展了相应的力学性能试验测试,试验结果发现,经固化剂固化处理之后的河砂具有较高的抗压强度和抗折强度,满足航道工程中对于材料的强度的要求,有一定的工程应用前景。同时长江航道规划设计院尝试以 PCSB 固沙剂为基础,通过加压成型的方式将砂性弃土制备成压载块应用于长江中游的三八滩守护工程中,取得了一定的效果。江潮华等[14]以工程砂性弃土为主要原料,通过振动成型制备免烧砖。以试样的各龄期抗压强度作为指标,研究水泥、粉煤灰和石膏的配合比对免烧砖的力学性能的影响,最终得到了各原材料的最佳配合比,此时试样的 28 d 抗压强度和劈裂抗拉强度分别能够达到15.8 MPa 和 1.8 MPa。

孙宝昌[15]通过试验初步研究了制备无粗骨料特细砂性混凝土的过程和成型工艺,并展望了广阔的应用前景。宓永宁等[16]采用超细砂作为细骨料配制水泥砌筑砂浆并添加了矿物添加剂粉煤灰改善性能,通过试验研究发现,当粉煤灰掺量在30％以内时,砂浆的抗压强度有所增大,掺量为10％时砂浆抗压强度达到最大,增长的速率最快。莫丹[17]主要研究了保水剂 MA、纤维粉煤灰等外加组分对特细砂砂浆性能的影响,发现在砂浆中掺入粉煤灰,砂浆的和易性能得到改善,而随着粉煤灰掺量的增加,砂浆的抗压、抗折、抗拉和压剪黏结强度降低。潘跃鹏等[18]以废弃超细砂为主要原料,通过振动成型制备混凝土进行试验研究,试验结果表明,在水胶比为 0.38、减水剂掺量为 0.5％的情况下,混凝土最佳配合比为废弃超细砂75.3％、水泥16.5％、矿粉8.2％,此时混凝土 28 d 抗压强度、劈裂抗拉强度和浸水抗压强度均达到最优。

综上,目前国内外对于水运工程中产生的疏浚砂以及对于砂的固化处理的研究相对较少,且对于疏浚砂的研究也主要集中在固化剂的选择和应用上。同时对于超细砂的研究也较少且主要集中于研究超细砂对普通混凝土性能的影响和用超细砂替代普通混凝土中的细骨料。而在粗骨料匮乏但砂资源十分丰富的地区,为了满足当地建筑工程建设的需要,有必要就地取材研究由砂、水泥、矿物填料、水和高效减水剂制备的不含粗骨料的砂性混凝土。因此以疏浚砂为主要原料,有效使用矿物填料等工业废渣,减少水泥用量,制备可以替代普通混凝土,满足建筑、水运工程需求的新型砂性混凝土,并对其就近就地使用,可以有效缓解天然砂石材料短缺和枯竭的问题,为大量利用疏浚砂提供了一条有效途径。

1.2.2　新型砂性混凝土研究进展

砂性混凝土是一种具有高性能的混凝土,不同于普通混凝土材料,其主要由砂、水泥、矿物填料(矿粉、粉煤灰或石灰石粉等)、水和高效减水剂等组成,其中砂替代普通混凝土中的粗骨料,粉煤灰、矿粉等矿物填料替代普通混凝土中的细骨料,水泥为黏结剂,同时必须掺入高效减水剂增加其流动性[3-5]。该混凝土通过粉煤灰、矿粉等填料细颗粒的填塞作用,基于获得的合理良好的颗粒级配制备以砂为主要原料的新型混凝土。砂性混凝土的概念最先是由 Boutouil[19]提出的。

Zril 等[20]利用砂性弃土、水泥、矿物填料、外加剂制备一种和常规混凝土有类似性质的材料,能应对土木工程中骨料缺乏的现状,砂性弃土的使用可以大幅度减少工程建设对骨料的消耗。其制备的砂性混凝土的抗压强度能达到 41 MPa,与普通混凝土材料的强度类似,但水泥掺量却明显小于普通混凝土,因此有较大的研究意义。

砂性混凝土与普通混凝土的区别在于其具有高含量的砂。通常砂性混凝土具有较低的水泥掺量（250～450 kg/m³）、低水灰比和比普通砂浆更高的抗压强度[21-24]。由于可以使用大量的砂且不需使用粗集料，砂性混凝土目前主要用于沙漠等石子缺乏而砂供应量大的地区[21]。

一些研究人员研究了用砂代替粗骨料，利用当地的材料和废弃物如沙丘砂和废弃混凝土骨料破碎物制备砂性混凝土[25-27]。Khay 等[28]研究了以粒径在0.08～0.8 mm 之间的沙漠沙为主要原料制备的压实砂性混凝土（CSC）的收缩性能。研究结果验证了 CSC 在路面工程中的应用前景。石灰石掺量对细度模量为 1.18 的沙丘砂混凝土力学性能影响的研究结果表明，当水泥和石灰石掺量分别为 350 kg/m³ 和 200 kg/m³ 时，沙丘砂混凝土的抗压强度可达 16.0 MPa。

Benaissa 等[29]采用石灰石粉体作为填料，研究了不同配比的河砂对高流态砂性混凝土性能的影响。试验结果表明，沙丘砂的最佳掺量为 10% 左右，在此掺量下能满足高流态砂性混凝土的新鲜硬化性能。Belhadj 等人[30]对分别以沙丘砂、河砂、压碎砂、河砂和沙丘砂混合为原料，掺加石灰石粉的砂性混凝土进行了研究。发现砂性混凝土的力学性能和断裂性能受到砂的物理性能如棱角形状、最大直径和粒径分布等的影响。近年来，随着大麦秸秆的加入，生态轻质砂性混凝土被设计用于干旱环境，其热物理性能、延性、韧性和抗弯变形能力得到了改善。Gadri 等人[31]将砂性混凝土作为一种新的修复材料，发现其对立方体试件的黏结强度显著提高，达到 3.17 MPa。

综上所述，砂性混凝土目前主要用于沙漠等石子缺乏而砂的供应量大的地区。砂性混凝土强度高且结构致密，因此以航道整治疏浚砂为主要原料，结合适量水泥、矿物填料等工业废渣及高效减水剂等外加剂来配制工作性能好、力学强度高的新型砂性混凝土来制作护岸块体和压载块并将它们应用于航道整治工程建设，不仅可以大量利用疏浚砂，有效使用石灰石粉末、沸石粉等工业废渣，减少土地占用，还可以解决固体废物的二次污染问题，缓解航道整治工程等对环境的影响，同时研究成果对推动绿色水运、建设生态航道具有重要意义。

1.2.3　矿物填料的使用现状

矿物填料（或称为辅助性胶凝材料）是制成细粉状，掺入混凝土拌和物中用于改善新拌混凝土、硬化混凝土性能和提高混凝土强度的无机矿物材料，通常矿物填料的掺量大于水泥的掺量，细度与水泥细度相同或比水泥更细。

对于砂性混凝土而言，为了获得必需的密实度和足够的强度必须添加适量的填料[32]，由于砂性混凝土的粒间孔隙率高于普通混凝土，因此需要采用填料来提高颗粒骨架之间的填充密度[33]。加入填料能够显著减少水泥的用量,这也是砂性混凝土与砂浆的重要区别。填料的种类、用量和细度对新拌砂性混凝土和硬化砂性混凝土的性能有显著影响。通常,使用粒径小于 80 μm 的惰性或半惰性火山灰和水硬性材料作为填料来改善和保持混凝土的内聚和抗偏析性[34]。粉煤灰(FA)、硅灰、磨粒高炉矿渣、石灰石粉、天然或人工火山灰是制造混凝土的常用填料[35]。目前,砂性混凝土中最常用的填充材料是石灰石粉末,除了容易获取,石灰石粉末特有的物理化学特性可以加速水泥的水化反应。而具有火山灰性质的粉煤灰和磨细高炉矿渣也能被应用于砂性混凝土中改善其工作性能和力学性能[36]。

Bédérina 等[37]的研究表明,石灰石粉填料的加入改善了砂性混凝土的粒径分布,从而提高砂性混凝土的流变性能和力学性能。在砂性混凝土中加入石灰石粉末作为填料,可以使得混凝土保持足够的黏度,从而减少渗漏、离析和沉降等现象。他们认为添加石灰石粉末后,砂性混凝土的级配、流变性能和力学性能得到显著改善,而过量添加石灰石细颗粒则会导致粉末的比表面积显著增加,并增加要达到给定稠度所需的水量。他们利用当地细度模数为 1.18 的沙丘砂配制砂性混凝土,并讨论了石灰石填料含量对改善砂性混凝土工作性能和力学性能的效果。研究表明,当水泥用量为 350 kg/m^3、填料用量为 200 kg/m^3 时,砂性混凝土的抗压强度可达到 16.0 MPa。潘跃鹏等[18]研究了用矿粉增强砂性混凝土的性能,结果表明,当混凝土配合比为超细砂 75.3%、水泥 16.5%、矿粉 8.2%时,混凝土强度可以达到 26.5 MPa。

综上所述,国内外对于砂性混凝土的研究主要集中于机制砂、沙漠砂以及河砂所制备的砂性混凝土,对于影响砂性混凝土制备初期和硬化后工作性能和力学性能的矿物填料的研究以及关于采用粒径较小的超细砂制备细粒式混凝土的研究较少。而砂的种类、粒径和矿物填料种类又对混凝土的性能有较大的影响,因此有必要考虑不同的矿物填料对于砂性混凝土性能的影响。而目前对于粉煤灰和高炉矿渣的应用已有相关研究,关于石灰石粉和沸石粉制备砂性混凝土的研究较少,同时石灰石粉作为机制砂的废弃物之一,不仅含量丰富,同时性能优异,且符合本书基于废弃物资源化利用的研究背景。结合当地矿物填料含量分布的特点,本书对石灰石粉和沸石粉两种矿物填料进行研究。本书将针对长江中下游疏浚砂的特性,明确含泥量对疏浚砂混凝土拌和物性能和强度影响的定量关系。同时以疏浚砂为主要原料,粉煤灰或矿粉作为填料,制备新型无粗骨料砂性混凝土材料替代普通混凝土制作护面砖或软体排压载块等并对其就地就近使用,在大量利用疏浚砂和粉煤灰等工程废渣的同时,可减少疏浚砂转运和存储工程量,降低工程造价,解决固体废物的二次污染问题,缓解航道整治工程等对环境的影响。

1.2.4 疏浚砂掺量对混凝土性能的影响

1) 疏浚砂的性质

疏浚砂(DS)一般由颗粒状物料和液体组成,其物理化学性质,即粒径分布、中位数、非反应性和反应性化学成分对疏浚砂混凝土起着至关重要的作用。因此,为了全面了解世界不同地区疏浚砂的物理化学性质,利用文献数据分析了来自非洲(阿尔及利亚)、美洲(巴西)、亚洲(韩国)和欧洲(爱尔兰和土耳其)四个不同大陆的海洋沉积物[38-42]。疏浚砂的粒度信息如表 1-1 所示。从表中可以看出,粒径范围为 0~4.0 mm,从中估算出各疏浚砂的中位数粒径,并将其列于表的最后一列。如图 1-1 所示,各疏浚砂的粒径分布曲线总体比较接近。

表 1-1　疏浚砂(DS)的物理性质(按质量百分比计)

参考文献	样本编号	特定筛径下的累积通过率/%							中位数粒径/mm
		0.063 mm	0.125 mm	0.25 mm	0.5 mm	1.0 mm	2.0 mm	4.0 mm	
Aoual-Benslafa et al.[38]	Outside/inside basins	33.0	40.0	55.0	91.0	95.0	98.0	100.0	0.199
Ozer-Erdogan et al.[39]	DM-1	19.6	34.0	63.0	75.0	90.0	98.6	100.0	0.184
	DM-2	9.8	26.8	79.2	95.0	98.6	100.0	100.0	0.170
	DM-3	34.5	40.0	48.0	51.0	64.0	95.0	100.0	0.401
	DM-4	32.7	39.2	59.5	70.3	83.3	98.5	100.0	0.180
Mymrin et al.[40]	DS	6.6	16.3	45.4	72.2	100.0	100.0	100.0	0.283
Do et al.[41]	DS	14.0	64.0	98.0	99.0	100.0	100.0	100.0	0.103
Zhang et al.[42]	DS	21.0	35.0	65.0	82.0	95.0	100.0	100.0	0.177

文献中观测到的疏浚砂的中位数粒径平均为 0.212 mm,标准差较小,为 0.091 mm,说明疏浚砂的粒径随地点而变化,但一般都在一定范围内。这种物理性质的一致性在一定程度上提供了系统研究和普遍适用结论的可能性。同时值得注意的是,疏浚砂中存在着粒径大于 63 μm 的重要颗粒,占总质量的 9.8%～34.5%。此外,比 1.0 mm 细的颗粒构成主导部分,占疏浚砂质量的 64%～100%,而比 1.0 mm 粗的颗粒可以忽略不计,这表明观测到的疏浚砂的粒径在一定范围内变化,疏浚砂应作为混凝土的一个单独的部分进行研究。

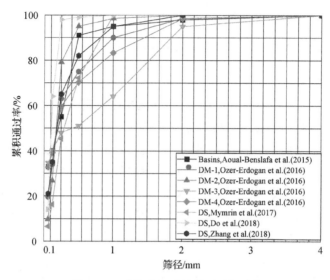

图 1 − 1　疏浚砂(DS)的典型粒径分布

　　另外,上述疏浚砂的化学组成如表 1 − 2 所示。从表中可以看出,疏浚砂以 SiO_2 为主,质量分数为 34.87%～75.51%;其次是 CaO,质量分数为 1.32%～27.10%;Al_2O_3 质量分数为 4.10%～18.34%;Fe_2O_3 质量分数为 0.40%～7.09%;MgO 质量分数为 0.10%～20.63%。上述大多数化学成分反应是形成水化硅酸钙凝胶(C-S-H)和水化硅铝酸钙凝胶(C-A-S-H)的混凝土强度的起源[43-44]。因此,疏浚砂中尽管存在无机物,但也存在重金属、有机物等有害成分和污染物,应予以妥善处理[45-46]。从以上讨论中可以推断,可以将疏浚砂作为开发混凝土的混合物[47]。

　　2) 影响疏浚砂性能的因素

　　多种因素可能会影响加入疏浚砂后的混凝土的性能,这些因素的数量要大于常规混凝土,从而增加了配合比质量的不确定性和对鲁棒性控制的难度。这种不确定性和困难一方面来自疏浚砂的多样性[48],另一方面来自疏浚砂与混凝土基体之间复杂的相互作用,特别是当混合料中加入各种类型和含量的 SCMs、填料、骨料和纤维时。因此,有时在合成混凝土之前需要对疏浚砂的不同组成进行不同的预处理。

　　典型的预处理方法包括空气干燥、烘箱干燥、热处理、煅烧、筛分和脱水[49-51]。其主要作用是控制水分含量,去除黏土和粉砂中的细小颗粒(粒径<63 mm)、重金属和有机物,并赋予疏浚砂一定的火山灰活性[52]。否则,有机物可能会阻碍水泥的凝结,并通过改变钙离子络合和 pH 缓冲能力对水化过程产生不利影响[53-55],从而降低混凝土的强度[56]。此外,650～850 ℃的热处理可以将沉积物中的黏土转化为

表1-2 疏浚砂(DS)的化学成分(按质量百分比计)

单位:%

参考文献	样本编号	CaO	SiO₂	Al₂O₃	Fe₂O₃	SO₂	SO₃	MgO	Cl⁻	CO₂	TiO₂	K₂O	Na₂O	P₂O₅	H₂O	Cr₂O₃	MnO₂	Rb	NiO	SrO	ZnO	BaO	WO₂	MnO	Mn₂O₃	损失量
Aoual-Bensiafa et al.[38]	Outside basins	25.00	45.00	4.10	0.50	0.01	—	0.30	1.70	20.0	—	—	—	—	5.50	—	—	—	—	—	—	—	—	—	—	—
	Inside basins	19.00	54.50	4.30	0.40	0.02	—	0.30	1.60	15.2	—	—	—	—	6.60	—	—	—	—	—	—	—	—	—	—	—
Ozer-Erdogan et al.[39]	DM-1	9.56	61.93	15.10	3.56	—	0.93	2.53	0.91	—	0.63	2.63	1.71	0.20	—	—	0.08	0.01	—	0.04	0.03	0.17	—	—	—	—
	DM-2	27.10	34.87	5.75	7.09	—	0.76	20.63	1.75	—	0.27	0.43	0.79	0.09	—	0.16	0.14	—	0.14	0.03	—	—	—	—	—	—
	DM-3	8.93	53.24	18.34	6.45	—	1.27	4.01	1.92	—	1.20	2.30	1.50	0.31	—	0.05	0.20	0.01	—	0.10	0.03	0.16	—	—	—	—
	DM-4	17.55	47.32	14.41	6.44	—	2.85	5.29	1.24	—	0.78	2.11	1.53	0.22	—	0.06	0.15	0.01	—	0.05	0.02	—	—	—	—	—
Mymrin et al.[40]	疏浚砂	2.60	71.00	10.10	3.80	—	0.10	1.10	0.60	—	0.80	3.40	4.50	0.10	—	—	—	—	—	—	—	—	—	0.10	—	3.60
Do et al.[41]	疏浚砂	5.63	56.65	18.30	6.88	—	0.59	0.10	—	—	0.80	3.26	2.71	—	—	—	—	—	—	—	—	—	—	—	—	4.58
Zhang et al.[42]	疏浚砂	1.32	75.51	8.23	3.34	—	1.91	0.76	—	—	0.64	1.45	1.11	—	—	—	—	—	—	—	—	—	—	—	0.03	—

煅烧的黏土,并将碳酸钙分解为有助于水化的氧化钙[57]。例如,2012 年,Aouad 等[58]提出了利用疏浚砂生产水泥熟料,考虑了石灰饱和因子、硅质比和氧化铝比,遵循了传统的水泥熟料生产流程。另一种具有代表性的预处理方法是 Novosol 工艺,其特点是通过磷酸盐稳定重金属,通过煅烧破坏有机材料[59-60]。

事实上,在疏浚砂倾倒入海或填埋前进行预处理是十分必要的,否则会污染海洋环境,对生物多样性产生负面影响,威胁人类健康,造成不可避免的严重后果。同时需要注意的是,在实际应用中,这种预处理不易现场进行,疏浚砂需要被送到专门的工厂,成本高且效益成本比低,更重要的是存在泄漏风险,可能导致二次污染。另外,将注意力放在对疏浚砂进行最小或零预处理的重复使用上,用于现浇混凝土生产[61-68],这也是一个危险物质的稳定/凝固过程。

3) 疏浚砂体积比的影响

本部分选取 13 篇文章(文献[38 - 39]、[41 - 42]、[69 - 77])进行数据分析,见表 1 - 3、表 1 - 4。图 1 - 2 为疏浚砂的体积比(VDS)对混凝土强度的影响。从整体上看,混凝土的抗压强度在 0～45 MPa 之间变化,且大体上随 VDS 的增加而减小,说明疏浚砂的加入一般会对强度产生不利影响。这种不良影响主要因为淤泥/黏土等非活性物质的存在和疏浚砂中污染物质对水化作用的干扰。大量的淤泥/黏土的存在会降低疏浚砂的粒径大小,粒径中值低于 0.1 mm 时,混凝土强度很难达到 25 MPa 及以上,除非 VDS 控制在 0.045 且伴随必要的改进方法,例如对疏浚砂进行热预处理,在混凝土中加入正常骨料。当 VDS 大于 0.550 时,即使对疏浚砂进行了一些倾移、干燥和研磨预处理,抗压强度也很难超过 5 MPa 的强度极限。Limeira 等[73]和 Agostini 等[70]分别采用 18% 和 25% 的泥沙掺量生产混凝土,而相应的混凝土都达到了相对较高的强度,高达 41 MPa 和 42 MPa,说明 VDS 因素并不是单一的调节因素,其他一些变量也会对素混凝土和疏浚砂混凝土的强度产生重要影响。

表 1 - 3 混凝土(MSC)的体积比 单位:%

参考文献	组别	疏浚砂	水	水泥	石灰	RA	PFA	骨料
Agostini et al. [70]	MR	0.000	0.256^	0.162	0.000	0.000	0.000	0.582
	MS33	0.086	0.357^	0.165	0.000	0.000	0.000	0.393
	MS66	0.172	0.465^	0.166	0.000	0.000	0.000	0.198
	MS100	0.252	0.587^	0.162	0.000	0.000	0.000	0.000

参考文献	组别	疏浚砂	水	水泥	石灰	RA	PFA	骨料
Limeira et al.[72]	C1	0.000	0.174	0.111	0.000	0.000	0.000	0.715
	C2	0.059	0.174	0.114	0.000	0.000	0.000	0.652
	C3 *	0.059	0.173	0.114	0.000	0.000	0.000	0.649
Limeira et al.[73]	RC	0.000	0.154	0.106	0.000	0.000	0.000	0.739
	CA15%	0.053	0.163	0.105	0.000	0.000	0.000	0.678
	CB25%	0.090	0.157	0.105	0.000	0.000	0.000	0.647
	CB35%	0.125	0.161	0.105	0.000	0.000	0.000	0.608
	CB50%	0.177	0.162	0.104	0.000	0.000	0.000	0.555
	CC25%	0.087	0.150	0.106	0.000	0.000	0.000	0.649
	CC35%	0.121	0.162	0.105	0.000	0.000	0.000	0.611
	CC50%	0.172	0.163	0.105	0.000	0.000	0.000	0.559
Wang et al.[75]	Raw	0.648	0.352	0.000	0.000	0.000	0.000	0.000
	Lime3%	0.599	0.386	0.000	0.014	0.000	0.000	0.000
	Lime6%	0.548	0.425	0.000	0.027	0.000	0.000	0.000
	Lime9%	0.515	0.446	0.000	0.039	0.000	0.000	0.000
	Cement3%	0.618	0.366	0.016	0.000	0.000	0.000	0.000
	Cement6%	0.582	0.387	0.031	0.000	0.000	0.000	0.000
	Cement9%	0.563	0.391	0.046	0.000	0.000	0.000	0.000
Wang et al.[76]	SD3L	0.551	0.436	0.000	0.013	0.000	0.000	0.000
	SD6L	0.529	0.445	0.000	0.026	0.000	0.000	0.000
	SD9L	0.513	0.448	0.000	0.038	0.000	0.000	0.000
	SD3C	0.584	0.402	0.014	0.000	0.000	0.000	0.000
	SD6C	0.570	0.401	0.029	0.000	0.000	0.000	0.000
	SD9C	0.559	0.398	0.044	0.000	0.000	0.000	0.000
Wang et al.[76]	SD3L3CV	0.551	0.416	0.000	0.013	0.000	0.019	0.000
	SD3L6CV	0.547	0.400	0.000	0.014	0.000	0.040	0.000
	SD6L3CV	0.531	0.423	0.000	0.027	0.000	0.019	0.000
	SD3C3CV	0.567	0.399	0.014	0.000	0.000	0.020	0.000
	SD3L6CV	0.547	0.399	0.014	0.000	0.000	0.040	0.000
	SD6L3CV	0.555	0.396	0.029	0.000	0.000	0.020	0.000

参考文献	组别	疏浚砂	水	水泥	石灰	RA	PFA	骨料
Dang et al.[71]	Mr	0.000	0.225	0.140	0.000	0.000	0.000	0.634
	M8L650	0.010	0.225	0.129	0.000	0.000	0.000	0.635
	M16L650	0.020	0.226	0.118	0.000	0.000	0.000	0.636
	M33L650	0.043	0.226	0.094	0.000	0.000	0.000	0.637
	M8L850	0.010	0.225	0.129	0.000	0.000	0.000	0.635
	M16L850	0.020	0.226	0.118	0.000	0.000	0.000	0.636
	M33L850	0.043	0.226	0.094	0.000	0.000	0.000	0.637
Tang et al.[74]	M70C15F15	0.464	0.337	0.084	0.000	0.000	0.115	0.000
	M70C10F20	0.450	0.348	0.054	0.000	0.000	0.148	0.000
	M70C525	0.439	0.354	0.026	0.000	0.000	0.181	0.000
	M70F30	0.431	0.357	0.000	0.000	0.000	0.213	0.000
	M75C20F5	0.536	0.303	0.120	0.000	0.000	0.041	0.000
	M75C15F10	0.525	0.306	0.088	0.000	0.000	0.081	0.000
	M80C15F5	0.607	0.253	0.096	0.000	0.000	0.044	0.000
	S70C15F15	0.443	0.367	0.080	0.000	0.000	0.109	0.000
	S70C10F20	0.424	0.385	0.051	0.000	0.000	0.140	0.000
	S70C5F25	0.414	0.390	0.025	0.000	0.000	0.170	0.000
	S70F30	0.409	0.390	0.000	0.000	0.000	0.202	0.000
	S75C20F5	0.492	0.360	0.110	0.000	0.000	0.038	0.000
	S75C15F10	0.480	0.365	0.081	0.000	0.000	0.074	0.000
	S80C15F5	0.562	0.309	0.089	0.000	0.000	0.040	0.000
Wang et al.[77]	0Sed80RA	0.000	0.243	0.129	0.000	0.628	0.000	0.000
	20Sed60RA	0.154	0.244	0.129	0.000	0.473	0.000	0.000
	40Sed40RA	0.308	0.245	0.130	0.000	0.317	0.000	0.000
	60Sed20RA	0.465	0.246	0.130	0.000	0.159	0.000	0.000
	25Sed60RA	0.203	0.194	0.103	0.000	0.501	0.000	0.000
	40Sed45RA	0.326	0.194	0.103	0.000	0.377	0.000	0.000
	55Sed30RA	0.450	0.195	0.103	0.000	0.252	0.000	0.000
	70Sed15RA	0.574	0.196	0.104	0.000	0.126	0.000	0.000
	30OPC	0.208	0.331	0.175	0.000	0.285	0.000	0.000
	20OPC10CFA	0.204	0.324	0.114	0.000	0.279	0.078	0.000
	20OPC10Lime	0.209	0.332	0.117	0.055	0.286	0.000	0.000
	20OPC10MS	0.206	0.327	0.115	0.000	0.352	0.000	0.000
	20OPC10WS	0.206	0.327	0.115	0.000	0.352	0.000	0.000

参考文献	组别	疏浚砂	水	水泥	石灰	RA	PFA	骨料
Wang et al.[77]	30OPC	0.069	0.330	0.175	0.000	0.426	0.000	0.000
	20OPC10CFA	0.068	0.323	0.114	0.000	0.417	0.078	0.000
	20OPC10Lime	0.069	0.331	0.117	0.055	0.428	0.000	0.000
	20OPC10MS	0.068	0.326	0.115	0.000	0.491	0.000	0.000
	20OPC10WS	0.068	0.326	0.115	0.000	0.491	0.000	0.000
	60RA	0.154	0.244	0.129	0.000	0.473	0.000	0.000
	40RA20CG	0.154	0.244	0.129	0.000	0.473	0.000	0.000
	20RA40CG	0.154	0.244	0.129	0.000	0.473	0.000	0.000
	0RA60CG	0.154	0.244	0.129	0.000	0.473	0.000	0.000
	40RA20CBA	0.154	0.244	0.129	0.000	0.473	0.000	0.000
	20RA40CBA	0.154	0.244	0.129	0.000	0.473	0.000	0.000
	0RA60CBA	0.154	0.244	0.129	0.000	0.473	0.000	0.000
	40RA20MIBA	0.154	0.244	0.129	0.000	0.473	0.000	0.000
	20RA40MIBA	0.154	0.244	0.129	0.000	0.473	0.000	0.000
	0RA60MIBA	0.154	0.244	0.129	0.000	0.473	0.000	0.000
Aoual-Benslafa et al.[38]	CM	0.000	0.229	0.148	0.000	0.000	0.000	0.624
	MPS	0.009	0.219	0.142	0.000	0.000	0.000	0.630
	MPS10	0.019	0.210	0.135	0.000	0.000	0.000	0.636
	MPS15	0.029	0.200	0.129	0.000	0.000	0.000	0.642
	MPS20	0.039	0.190	0.123	0.000	0.000	0.000	0.648
Ozer-Erdogan et al.[39]	RMC-0	0.000	0.198	0.089	0.000	0.237	0.000	0.475
	RMC-1	0.017	0.209	0.088	0.000	0.234	0.000	0.452
	RMC-2	0.035	0.215	0.087	0.000	0.232	0.000	0.430
	RMC-3	0.053	0.218	0.087	0.000	0.231	0.000	0.411
	RMC-4	0.070	0.224	0.086	0.000	0.229	0.000	0.391
	RMC-5	0.017	0.204	0.089	0.000	0.236	0.000	0.454
	RMC-6	0.037	0.203	0.088	0.000	0.235	0.000	0.436
	RMC-7	0.055	0.204	0.088	0.000	0.235	0.000	0.418
	RMC-8	0.073	0.204	0.088	0.000	0.234	0.000	0.400

参考文献	组别	疏浚砂	水	水泥	石灰	RA	PFA	骨料
Do et al.[41]	疏浚砂1#	0.324	0.400	0.037	0.036	0.000	0.202	0.000
	疏浚砂2#	0.310	0.425	0.036	0.035	0.000	0.194	0.000
	疏浚砂3#	0.298	0.448	0.034	0.034	0.000	0.186	0.000
	疏浚砂4#	0.286	0.470	0.033	0.032	0.000	0.179	0.000
	疏浚砂5#	0.274	0.493	0.032	0.031	0.000	0.171	0.000
	对照组#	0.310	0.425	0.036	0.035	0.000	0.194	0.000
	FA1#	0.311	0.427	0.045	0.035	0.000	0.182	0.000
	FA2#	0.309	0.424	0.027	0.035	0.000	0.206	0.000
	FA3#	0.308	0.422	0.018	0.035	0.000	0.217	0.000
	FA4#	0.307	0.421	0.009	0.035	0.000	0.229	0.000
Zhao et al.[63]	C-0S	0.000	0.224^	0.104	0.000	0.000	0.000	0.672
	C-10S	0.011	0.221^	0.094	0.000	0.000	0.000	0.675
	C-20S	0.022	0.217^	0.084	0.000	0.000	0.000	0.677
Achour et al.[69]	C1	0.085	0.224	0.113	0.000	0.000	0.000	0.577
	C2	0.141	0.289	0.106	0.000	0.000	0.000	0.462

注:* 表示按体积计含 0.5%聚丙烯纤维;# 表示与拜耳法赤泥的混合物,用于从铝土矿制备氧化铝,作为
水泥;^ 表示在疏浚砂上应用水预饱和。

表 1-4 混凝土的性质

参考文献	组别	浆体体积(CPV)	水胶比(W/CM)	坍落度/mm	f_c'/MPa	f_{cf}'/MPa	E/GPa
Agostini et al.[70]	MR	0.418	1.6	80	34.8	—	—
	MS33	0.607	2.2	90	42.2	—	—
	MS66	0.802	2.8	85	36.9	—	—
	MS100	1.000	3.6	90	34.7	—	—
Limeira et al.[72]	C1	0.285	1.6	170	39.0	4.0	28.5
	C2	0.348	1.5	220	36.0	3.7	26.5
	C3	0.351	1.5	190	33.0	3.5	24.5

参考文献	组别	浆体体积 (CPV)	水胶比 (W/CM)	坍落度/ mm	f'_c/ MPa	f'_{cf}/ MPa	E/ GPa
Limeira et al.[73]	RC	0.261	1.4	100	35.0	5.0	41.7
	CA15%	0.322	1.6	0	33.0	4.3	—
	CB25%	0.353	1.5	100	35.0	5.7	—
	CB35%	0.392	1.5	300	40.0	5.5	39.3
	CB50%	0.445	1.6	150	39.0	5.0	40.5
	CC25%	0.351	1.5	200	41.0	4.6	—
	CC35%	0.389	1.5	150	38.0	4.9	39.9
	CC50%	0.441	1.6	150	40.0	5.2	43.7
Wang et al.[75]	Raw	1.000	—	—	0.6	—	0.20
	Lim-3%	1.000	27.0	—	1.2	—	1.60
	Lim-6%	1.000	15.7	—	1.1	—	1.40
	Lim-9%	1.000	11.3	—	0.6	—	1.30
	Cement 3%	1.000	23.1	—	2.7	—	2.00
	Cement 6%	1.000	12.6	—	2.8	—	3.00
	Cement 9%	1.000	8.5	—	3.3	—	3.10
Wang et al.[76]	SD3L	1.000	33.8	—	0.8	—	0.13
	SD6L	1.000	17.4	—	0.7	—	0.09
	SD9L	1.000	11.7	—	0.7	—	0.06
	SD3C	1.000	28.3	—	0.9	—	0.07
	SD6C	1.000	14.0	—	2.0	—	0.18
	SD9C	1.000	9.1	—	3.2	—	0.25
Wang et al.[76]	SD3L3CV	1.000	12.7	—	1.0	—	0.10
	SD3L6CV	1.000	7.5	—	0.9	—	0.13
	SD6L3CV	1.000	9.3	—	0.9	—	0.11
	SD3C3CV	1.000	11.7	—	0.7	—	0.07
	SD3L6CV	1.000	7.4	—	0.7	—	0.07
	SD6L3CV	1.000	8.1	—	1.6	—	0.17

参考文献	组别	浆体体积（CPV）	水胶比（W/CM）	坍落度/mm	f_c'/MPa	f_{cf}'/MPa	E/GPa
Dang et al.[71]	Mr	0.366	1.6	—	45.4	—	36.5
	M8L650	0.365	1.7	—	42.4	—	33.0
	M16L650	0.364	1.9	—	38.2	—	31.0
	M33L650	0.363	2.4	—	35.2	—	30.0
	M8L850	0.365	1.7	—	41.2	—	34.0
	M16L850	0.364	1.9	—	34.6	—	33.5
	M33L850	0.363	2.4	—	25.0	—	32.0
Tang et al.[74]	M70C15F15	1.000	1.7	—	4.9	—	—
	M70C10F20	1.000	1.7	—	4.3	—	—
	M70C525	1.000	1.7	—	3.6	—	—
	M70F30	1.000	1.7	—	0.1	—	—
	M75C20F5	1.000	1.9	—	6.0	—	—
	M75C15F10	1.000	1.8	—	4.5	—	—
	M80C15F5	1.000	1.8	—	4.1	—	—
	S70C15F15	1.000	1.9	—	3.0	—	—
	S70C10F20	1.000	2.0	—	2.4	—	—
	S70C5F25	1.000	2.0	—	0.4	—	—
	S70F30;25	1.000	1.9	—	0.1	—	—
	S75C20F5	1.000	2.4	—	3.4	—	—
	S75C15F10	1.000	2.4	—	3.1	—	—
	S80C15F5	1.000	2.4	—	2.9	—	—
Wang et al.[77]	0S-d80RA	0.372	1.9	—	12.0	—	—
	20S-d60RA	0.527	1.9	—	7.6	—	—
	40S-d40RA	0.683	1.9	—	3.1	—	—
	60S-d20RA	0.841	1.9	—	1.5	—	—
	25S-d60RA	0.499	1.9	—	5.0	—	—
	40S-d45RA	0.623	1.9	—	2.3	—	—
	55S-d30RA	0.748	1.9	—	1.4	—	—

参考文献	组别	浆体体积（CPV）	水胶比（W/CM）	坍落度/mm	f_c'/MPa	f_{cf}'/MPa	E/GPa
	70S-d15RA	0.874	1.9	—	0.8	—	—
	30OPC	0.715	1.9	—	7.4	—	—
	20OPC10CFA	0.721	1.7	—	3.8	—	—
	20OPC10Lime	0.714	1.9	—	3.6	—	—
	20OPC10MS	0.648	2.8	—	3.0	—	—
	20OPC10WS	0.648	2.8	—	2.9	—	—
	30OPC	0.574	1.9	—	12.8	—	—
	20OPC10CFA	0.583	1.7	—	11.3	—	—
	20OPC10Lime	0.572	1.9	—	8.3	—	—
	20OPC10MS	0.509	2.8	—	7.6	—	—
Wang et al.[77]	20OPC10WS	0.509	2.8	—	7.4	—	—
	60RA	0.527	1.9	—	7.9	—	—
	40RA20CG	0.527	1.9	—	8.0	—	—
	20RA40CG	0.527	1.9	—	6.8	—	—
	0RA60CG	0.527	1.9	—	5.3	—	—
	40RA20CBA	0.527	1.9	—	7.6	—	—
	20RA40CBA	0.527	1.9	—	7.5	—	—
	0RA60CBA	0.527	1.9	—	6.2	—	—
	40RA20MIBA	0.527	1.9	—	6.8	—	—
	20RA40MIBA	0.527	1.9	—	6.2	—	—
	0RA60MIBA	0.527	1.9	—	6.0	—	—
	CM	0.376	1.6	—	41.7	—	—
	MPS	0.370	1.6	—	36.7	—	—
Aoual-Benslafa et al.[38]	MPS10	0.364	1.6	—	31.7	—	—
	MPS15	0.358	1.6	—	30.0	—	—
	MPS20	0.352	1.6	—	27.5	—	—

参考文献	组别	浆体体积 (CPV)	水胶比 (W/CM)	坍落度/ mm	f'_c/ MPa	f'_{cf}/ MPa	E/ GPa
Ozer-Erdogan et al.[39]	RMC-0	0.288	2.2	150	28.5	—	33.8
	RMC-1	0.314	2.4	150	26.8	—	33.4
	RMC-2	0.338	2.5	150	23.6	—	32.2
	RMC-3	0.358	2.5	150	22.7	—	31.9
	RMC-4	0.380	2.6	150	21.7	—	31.5
	RMC-5	0.310	2.3	150	28.4	—	33.8
	RMC-6	0.329	2.3	150	27.4	—	33.6
	RMC-7	0.347	2.3	150	26.9	—	33.5
	RMC-8	0.366	2.3	150	26.0	—	33.1
Do et al.[41]	疏浚砂 1	1.000	1.5	—	5.5	—	—
	疏浚砂 2	1.000	1.6	—	6.8	—	—
	疏浚砂 3	1.000	1.8	—	6.0	—	—
	疏浚砂 4	1.000	1.9	—	5.3	—	—
	疏浚砂 5	1.000	2.1	—	4.3	—	—
	Control	1.000	1.6	—	6.8	—	—
	FA1	1.000	1.6	—	6.8	—	—
	FA2	1.000	1.6	—	5.9	—	—
	FA3	1.000	1.6	—	5.2	—	—
	FA4	1.000	1.5	—	4.7	—	—
Zhao et al.[63]	C-0S	0.328	2.2	125	41.0^	—	35.8
	C-10S	0.325	2.4	95	38.4^	—	33.4
	C-20S	0.323	2.6	40	30.0^	—	28.1
Achour et al.[69]	C1	0.423	2.0	—	32.0	—	30.0
	C2	0.538	2.7	80	24.8	—	26.0

注:坍落度结果采用上直径为 100 mm、下直径为 200 mm、高度为 300 mm 的坍落度锥;^表示按照 ASTM C 39e02 标准进行了单轴压缩试验

在应用中,采用疏浚砂材料制备的混凝土性能对疏浚砂含水率的波动非常敏感(可达 75%),从而给混凝土生产带来了困难。需要指出的是,疏浚砂中的水是

单独处理的,应将其计入上一节所述的总水量中。一般来说,新鲜疏浚砂的含水量较高且变化较多,对于混凝土性能的稳定性控制的预防措施,需要从疏浚砂的固含量和混合物中的总水量两个方面进行阐述,下一节将详细阐述。同时,由图 1-2可知,在实际应用中,需要对疏浚砂的体积比进行限制,使沉积物利用率高到能够最大限度地重复利用疏浚砂,同时又低到能够满足最小强度要求。事实上,同时实现高 VDS 和高强度是一个难题。对于建设工程,VDS 不宜设置过高。否则,满足强度要求的水泥用量会增加,随之而来的泥沙和水泥含量过高导致骨料含量偏低,会导致尺寸稳定性低,可能出现干燥收缩。考虑到最小强度要求为 40 MPa,VDS的上限约为 25%。而当 VDS 超过 40% 时,根据疏浚砂质量和粘性具体情况,强度将很难达到 10 MPa。

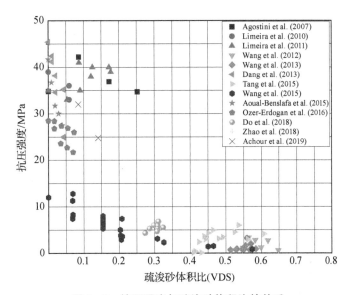

图 1-2 抗压强度与疏浚砂体积比的关系

4) CPV 的影响

图 1-3 显示了 CPV 对混凝土强度的影响。有趣的是,大多数数据点在图中的两个区域累积,一个代表同时含有糊状物和骨料的混合物,另一个代表纯糊状混合物。显然,后一个区域的混合物通常表现出平均值低于 10 MPa 的较低强度,这表明骨料的加入是一种有效且不可或缺的方法,可以使观测数据出现高达 45 MPa的相对较高强度。骨料的有益效果归因于其高强度和稳定性。然而,这两个区域都没有呈现出有规律性的趋势,这表明糊料在普通混凝土混合物中也应发挥重要作用。

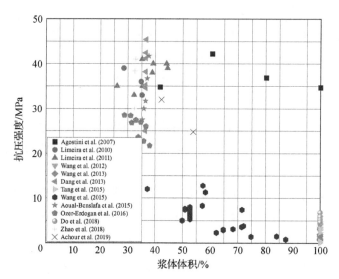

图1-3 抗压强度与浆体体积的关系

5) CPV 材料性能的影响

水灰比被认为是影响浆料性能的最重要因素之一。在这方面,图1-4显示了强度和水胶比(W/CM)体积比之间的一般关系。从图中可以看出,两者之间没有明显的关系。仔细观察数据点可以发现细节。水灰比在1到4之间,文献[38-39]、[41-42]、[69-77]中报告的强度结果通常高于文献[41]、[74-77]中报告的强度结果,这种优势可能是由于各种混合物中存在的添加剂可促进混合物的强度

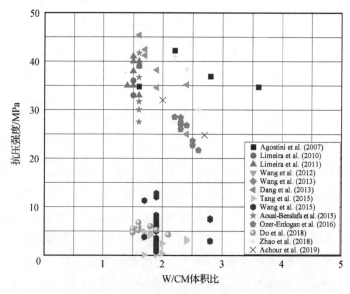

图1-4 抗压强度与 W/CM 体积比的关系

发展。作为一个复杂的粒子系统，浆体由各种成分组成，如前几节所述。添加到混凝土混合物中的最典型的黏合剂是水泥，其次是石灰、粉煤灰、石膏、其他 SCMs 和填料，单个成分的体积和它们之间的比例都很重要。

抗压强度与水泥体积比以及与水体积比之间的关系如图 1-5 所示，该图可以更好地阐明单个成分对普通混凝土混合物强度的影响。从图中可以看出，即使在

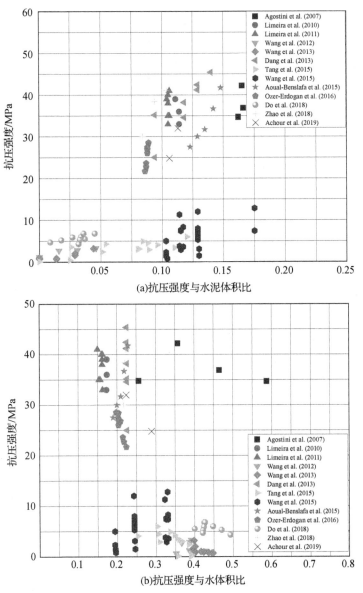

图 1-5　抗压强度与水泥体积比以及与水体积比的关系

相同的水灰比下,较高的水泥体积比通常也会对应较高的强度。例如,Wang 等[77]和 Aoual-Benslafa 等[38]分别报告了图 1-4 所示的恒定水灰比下的不同强度结果,而图 1-5 中的水泥含量较高时,强度明显增加。这就是为什么水泥含量经常被用作疏浚砂固化/稳定的重要指标。然而,这一指标的准确度似乎仍然很低,这一点可以从这两个指标之间的波动强度得到证明。当水泥含量为 0.08~0.16 时(相当于水泥含量为 250~500 kg/m³),压力分别为 0.5 MPa 和 45 MPa。因此,应考虑更广泛的浆体成分。对表格和图表中的数据进行检查后发现,石灰、粉煤灰和石膏将有助于提高混合物的强度,它们具有不同的有效性,证明此类添加剂表现出各种可量化的固井效率。固井效率可能来自其将重金属固定在疏浚砂中并参与水化过程的能力[78,79]。

6) 骨料类型和体积的影响

除了浆体,骨料类型和体积也与强度变化有关,即使在图 1-6 所示的较小浆体体积(CPV)范围内。一般来说,普通骨料比再生骨料(RA)更有效,如果处理不当,RA 的加入会降低混凝土的强度,这是因为 RA 固有的弱点以及浆体和骨料之间的黏结性较差[80-81]。例如,Wang 等[77]在平均 59% 的浆体体积下获得了平均值为 6.1 MPa 的强度,而 Achour 等[69]在平均 48% 的浆体体积下获得了平均值为 28.4 MPa 的强度。在这期间,前一项工作中采用 RA,而后一项工作中采用正态骨料,导致测量强度存在较大差异。尽管如此,对在混凝土中使用 RA 这一处理方法需要进行进一步的定量研究。

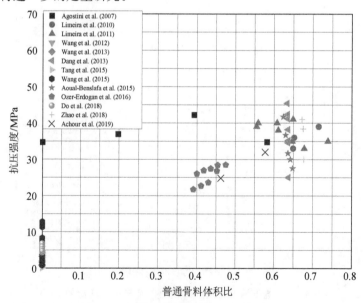

图 1-6 普通骨料的抗压强度与体积比

长江下游超细疏浚砂在混凝土中的应用技术研究

1.3 本书主要研究工作与研究方法

1) 长江疏浚细砂混凝土配合比优化设计

以长江疏浚细砂作为混凝土细骨料掺和料,为混凝土设定不同的目标强度、骨料间的平均浆体厚度(APT)及不同疏浚砂掺量,基于最少浆体理论得到混凝土试验配合比。通过抗压强度测试验证最少浆体理论在长江疏浚细砂混凝土配合比设计中应用的可行性,分析了不同浆体厚度及疏浚砂掺量对混凝土力学性能和工作性能的影响。研究表明,随着浆体厚度及疏浚砂掺量的增加,混凝土流动性变得越好。当 APT 为 20 μm、疏浚砂掺量为 25% 时,混凝土的抗压强度最大。试验结果证明,在长江疏浚细砂混凝土配合比设计中使用最小浆体理论有望得到浆体量更少、工作性能更好的混凝土。

2) 长江疏浚细砂混凝土的热损伤及其生产改善措施研究

采用不同的蒸养制度对长江疏浚细砂混凝土进行养护。对疏浚细砂混凝土开展了包括强度测试、压汞测试、扫描电镜测试和电子能量色散光谱仪(Energy Dispersive Spectrometer,简称 EDS)测试,以及 X 射线衍射(X-ray Diffraction,简称 XRD)测试。结果表明,蒸养对于长江疏浚细砂混凝土的早期强度具有显著促进作用。蒸养对于低碱当量的长江疏浚细砂混凝土强度具有非常大的促进作用,且这种促进作用无论在早期强度还是后期强度中都存在。疏浚砂的掺加可以提高蒸养制度下的早期强度的增幅,但也增加了蒸养对后期强度的负面效应。相同能量消耗下,高温蒸养对早期强度的提升幅度大于低温蒸养。但是高温蒸养对强度的发展表现出了一定的抑制作用。

3) 水流冲刷作用下长江疏浚细砂混凝土的服役特性

采用水下钢球法对长江疏浚细砂混凝土的抗冲磨性能等进行试验研究。通过三维扫描技术和 Matlab 编程,对磨损深度、体积损失及分形维数对损伤程度的影响进行分析,并利用投影寻踪回归理论建立了针对长江疏浚细砂混凝土的磨损性能的预测模型,得到了长江疏浚细砂混凝土磨损深度、体积及分形维数和磨损时间的关系函数,揭示了长江疏浚细砂混凝土磨损程度随磨损时间的变化规律。结果表明,投影寻踪回归理论可用于确定不同磨损时间下长江疏浚细砂混凝土的磨损特性,为设计和预测长江疏浚细砂混凝土的磨损寿命提供了一种有效的方法。

4) 长江疏浚细砂混凝土静态力学性能研究

以长江下游航道超细疏浚砂为原料,设计了 5 种不同的疏浚砂掺量的碱激发矿渣混凝土(AASC)配合比。通过扫描电镜(Scanning Electron Microscope,简称 SEM)、X 射线衍射(X-ray Diffraction,简称 XRD)、压汞法(Mercury Intrusion

Porosimetry,简称 MIP)技术和 X 射线计算机断层扫描(X-CT)技术,分析了 AASC 的物相组成和微观结构。试件的 SEM、MIP、X 射线计算机断层扫描 (X-CT)技术和 XRD 观察表明,在疏浚砂掺量(疏浚砂占细骨料的质量比)为 25% 时,适当掺入疏浚砂能够增加混凝土密实度,减小孔隙率,改善混凝土界面过渡区 的结构,但过量疏浚砂会导致混凝土流动性降低,以及混凝土内的多害孔隙的 增加。

5) 长江疏浚细砂混凝土冲击性能研究

使用长江下游疏浚砂替代混凝土中的细骨料制备长江下游疏浚特细砂碱矿渣 混凝土,通过直径为 75 mm 的分离式霍普金森杆开展动态冲击压缩性能试验,研 究了 5 种不同疏浚砂掺量的混凝土动态力学性能。结果表明,长江下游疏浚砂碱 矿渣混凝土具有如下特点:属于应变率敏感型材料,随着应变率增加,峰值应力增 大;动态强度相比静态强度有明显提高,50 s^{-1} 为材料的应变率敏感值,且 CEB 规 范中的 DIF 模型与材料拟合良好,可以使用该模型对材料动态峰值应力进行分析 预测;同一应变率下,动态压缩强度随着疏浚砂掺量增加先上升后降低,仅从 5 组 试验数据来看,50% 是最佳掺量。

6) 长江疏浚细砂混凝土三轴压缩性能研究

首先对不同围压下长江疏浚细砂混凝土破坏形态进行分析。随后对长江疏浚细 砂混凝土在不同围压下三轴单调循环加载的本构曲线、峰值强度、Mohr-Coulomb 强 度准则适用性、能量损失及本构方程进行探究。最后结合电子计算机断层扫描 (CT)技术对破裂后的试样进行三维结构重构,实现内部裂面、裂隙和孔隙的 3D 可 视化及计算。此外,探究了不同围压下长江疏浚细砂混凝土三轴单调压缩过程能 量演化机制。

7) 长江疏浚细砂混凝土耐久性能研究

疏浚砂掺量对混凝土试件冻融循环后表现出的形貌特征具有一定的影响,随 着疏浚砂掺量的增多,冻融循环后混凝土试件表观损伤程度越轻。随着疏浚砂掺 量的增加,不同冻融循环次数下,疏浚砂混凝土的质量损失率、抗压强度损失率、相 对动态弹性模量损失率均逐渐减小。疏浚砂掺量为 50% 的混凝土断裂面上有较 多粗骨料发生断裂,而疏浚砂掺量为 0 的混凝土断裂面更多地表现为砂浆与骨料 黏结面间的破坏。冻融循环作用后,混凝土主要由于骨料与水泥浆黏结面间发生 断裂而被破坏。

8) 长江疏浚细砂砂浆微观特性研究

为了研究蒸养制度对长江疏浚细砂砂浆的强度和孔结构的影响,测试了不同 静停时间(3 h、6 h 和 18 h)下长江疏浚细砂砂浆的抗压强度,并且通过电子计算机 断层扫描(CT)技术,得到不同静停时间下长江疏浚细砂砂浆试样内部孔隙结构的空间分布与演化规律。研究结果表明,增加静停时间有助于促进砂浆内部水化反应的进行,可以显著提高砂浆的早期强度,但对后期强度影响不大。经过蒸汽养护的砂浆的平均孔隙率均大于标准养护下的砂浆的平均孔隙率;当静停时间过长时,虽然平均孔隙率略微减少,但会导致孔隙结构粗化以及不规则程度的增加。

9) 基于疏浚砂的桥梁预制装配式节段构件性能研究

针对疏浚砂混凝土,研究其桥梁预制装配式节段构件的承载性能。针对桥梁预制装配式特殊接缝结构,对疏浚砂剪力键构件的抗剪行为进行研究,得到疏浚砂混凝土剪力键的剪切性能与预应力筋配筋率、键齿深高比等参数的对应关系。针对桥梁上部构件,开展梁的抗剪机理研究,分析侧重于了解疏浚砂掺量、疏浚砂混凝土抗压强度、预应力施加等级和剪力键的数量对桥梁构件性能方面的作用,包括钢筋中的应力和应变水平、剪力键损伤水平、剪切破坏机制,预应力损失、位移、开裂类型等。

2 疏浚砂特性分析及形态结构特征研究

2.1 疏浚砂特性分析

1) 砂样 pH

沙土的 pH 常被看作其主要变量,它对沙土的许多化学反应和化学过程有很大影响,对其中的氧化还原、沉淀溶解、吸附、解吸和配合反应起支配作用。依据《土工试验方法标准》(GB/T 50123—2019),采用电测法进行土样 pH 测定,试验方法如下(见图 2-1):采用四分法取样,称取过 1.18 mm 筛的风干砂样 10 g,将试样放入广口瓶中,加蒸馏水 50 mL(沙水质量比例为 1∶5),振荡 3 min,静置 30 min;将 25~30 mL 的土悬液盛于 50 mL 烧杯中,向烧杯加搅拌磁子一只,然后将该烧杯移至电磁搅拌器上,将已校正完毕的 pH 计的电极插入杯中,开动电磁搅拌器并搅拌 2 min,从 pH 计数字显示器上直接读数,精确至 0.01。砂样 pH 测试结果如表 2-1。

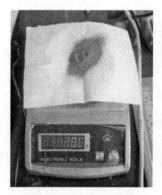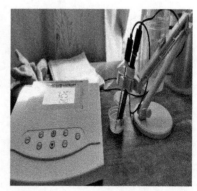

图 2-1 砂样 pH 检测图

表 2-1 砂样 pH 测试结果

序号	土样名称	静置开始时间	静置结束时间	悬液容积/mL	pH
1	航道砂	15:40	16:10	30	7.25
2	边滩砂	15:30	16:00	30	7.45

砂样的 pH 测试结果均大于 7.0,呈微碱性,OH^- 的离解程度较大,双电层较厚,说明砂样的活性比较低。

2) 化学成分

对砂样进行化学分析是研究其化学组成及含量的试验方法,本试验参考《黏土化学分析方法》(GB/T 16399—2021)进行。分析试样全部通过孔径为 0.088 mm 的筛,在 105~110 ℃烘箱中烘 2 h 以上,然后进行化学成分检测。检测结果如表 2-2 所示。

表 2-2　砂样化学成分分析结果　　　　　　　　　　　单位:%

名称	损失量	SiO_2	Al_2O_3	Fe_2O_3	CaO	MgO	K_2O	Na_2O	TiO_2	SO_3
航道砂	—	63.73	14.33	4.82	8.54	3.02	3.00	1.46	0.648	0.05
边滩砂		55.37	19.13	7.47	8.03	3.92	3.21	0.81	1.07	0.14
普通砂		86.55	9.74	0.98	0.96	1.09				

化学分析结果表明,航道砂及边滩砂两种砂样中 SiO_2、Al_2O_3 含量都比较高,其次依次为 CaO、Fe_2O_3、MgO、K_2O、Na_2O。两种砂样中 9 种主要成分(SiO_2、Al_2O_3、Fe_2O_3、CaO、MgO、K_2O、Na_2O、TiO_2 和 SO_3)总含量约达 99%,其中 SiO_2、Al_2O_3、CaO、Fe_2O_3 四种组分含量之和都达到 90%以上,说明其他物质及有机质含量较少。航道砂中 CaO 含量明显较普通砂高,而 SiO_2 含量偏低,并含有少量的 Na_2O、K_2O 等碱性氧化物,航道砂和边滩砂中 Fe_2O_3、Al_2O_3 等氧化物含量接近,与普通砂组成差别比较大。

另外,本书砂样品中含有比较多的碱性物质(边滩砂 Na_2O 含量为 0.81%,K_2O 含量为 3.21%;航道砂 Na_2O 含量为 1.46%,K_2O 含量为 3.00%),说明砂样属于偏碱性土质。砂样中 Na_2O、K_2O 含量较高,可能导致制品因含碱过高而发生表面盐析现象。

3) 矿物组成

砂样中的固体部分是由矿物构成的,多数的矿物成分主要是各类无机矿物,可分为原生矿物和次生矿物两大类,次生矿物可再分为可溶性和非溶性两类。原生矿物和非溶性次生矿物是土的基本矿物成分,除了无机矿物外还有一种特殊的矿物类型是有机质。

砂样矿物组成分析依据《土的矿物组成试验》(SL 237—069—1999)进行。砂样自然风干后过 2 mm 筛后,进行预处理,预处理过程如下:用稀盐酸去除碳酸盐,浓 H_2O_2 去除有机质,用 0.5 mL NaOH 调节悬浮液使其 pH 为 7.3 左右,并对其进行 X 射线衍射分析。

X 射线衍射分析仪器为日本理学 Ultima Ⅳ,试验主要参数如下:

X 光 管:Cu 靶 　　　　　　管　　压:40 kV
管　　流:40 mA 　　　　　　滤　　波:石墨单色器
扫描步长:0.02° 　　　　　　扫描速度:2°/min

砂样 X 射线衍射分析(XRD)结果见图 2-2 和图 2-3。砂样矿物相对百分含量见表 2-3。

表 2-3　砂样矿物相对百分含量　　　　　　　　　　单位:%

矿物组成	蛭石	水云母	闪石	绿泥石	石英	长石	方解石	白云石	多铝红柱石	三氧化二铝	石膏	蛇纹石	六方硅钙石	非晶物象
航道砂	4	9	16	12	32	17	6	2	—	—	—	—	—	—
边滩砂	4	18	3	14	40	21								

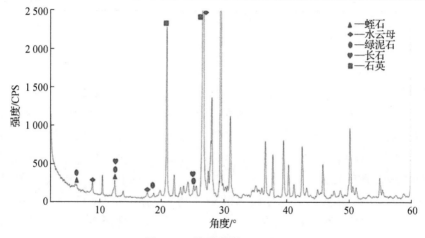

图 2-2　航道砂样 XRD 图

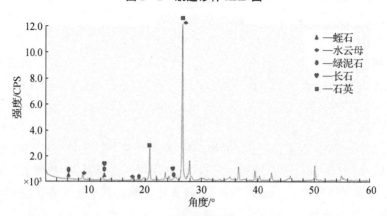

图 2-3　边滩砂样 XRD 图

从砂样的 X 射线衍射图中看到,砂样中主要矿物为石英、长石、水云母、绿泥石、蛭石及蒙脱石等,其中石英、长石类原生矿物的特征峰最为明显。砂土的活性主要来自黏性矿物的活性。非黏性矿物结构比较稳定,一般很难与其他物质发生化学反应。从航道砂样的 X 射线衍射图中可以看到,砂样中石英、长石类原生矿物的特征峰最为明显,非黏土矿物水云母、闪石、石英、长石、方解石含量之和为 84%,黏性矿物蛭石和绿泥石含量为 16%,黏性矿物所占比重远远低于非黏性矿物含量,砂样活性较差。边滩沙样中矿物水云母、闪石、石英、长石的体积总含量为 82%,占总质量的 60%,黏性矿物蛭石和绿泥石含量为 18%,占总质量的 13%,黏性矿物与非黏性矿物之比约为 3/7,黏性矿物比重低于非黏性矿物含量,土样活性较差。

4) 粒度分布

颗粒分析试验是测定干砂样中各种粒径颗粒组成占该砂样总质量的百分比的方法,以此了解颗粒大小分布情况。砂样细度模数分析试验依据《水工混凝土试验规程》(SL 352—2020)所述试验方法,采用筛分法进行。

试验所用仪器为孔径为 0.3 mm、0.15 mm 和 0.075 mm 的砂石套筛,精确度为 0.1 g 的电子秤和 ZBSX-92 型震击式标准振筛机(图 2 - 4)。称取边滩砂样 500 g 自然风干砂样和航道砂样 200 g,放入筛中并装在振筛机上,振动 10~12 min,分别称取不同筛径下砂样质量,试验结果如表 2 - 4 所示。

表 2 - 4　砂样筛分试验结果

筛孔/mm	0.3		0.15		0.075		<0.075	
	边滩	航道	边滩	航道	边滩	航道	边滩	航道
筛余量/g	0	0.4	58.9	59.3	258.5	127.3	182.6	13.0
累计筛余百分率/%	0	0.2	11.8	29.85	63.4	93.5	100	100

航道砂样中过 0.15 mm 筛孔的颗粒如图 2 - 5 所示,边滩砂样中过 0.075 mm 筛孔的颗粒如图 2 - 6 所示。

图 2 - 4　ZBSX-92 型震击式标准振筛机

图 2 - 5　航道砂样 0.15 mm 筛上颗粒

图 2-6 边滩砂样 0.075 mm 筛上颗粒

航道砂样的粒径分布曲线如图 2-7 所示。

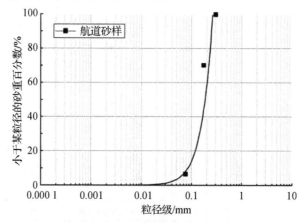

图 2-7 航道砂样粒径分布曲线图

边滩砂样的粒径分布曲线如图 2-8 所示。

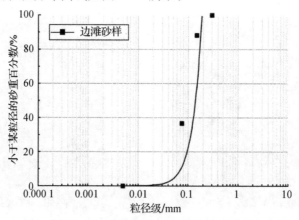

图 2-8 边滩砂样粒径分布曲线图

5) 砂样细度模数

细度模数公式：

$$M_x = \frac{(A_2 + A_3 + A_4 + A_5 + A_6) - 5A_1}{100 - A_1}$$

式中：M_x——细度模数；

A_1、A_2、A_3、A_4、A_5、A_6——分别为 4.75 mm、2.36 mm、1.18 mm、0.60 mm、0.30 mm、0.15 mm 筛的累计筛余百分率。

取三份航道砂样进行筛分试验，由表 2-4 筛分结果，根据其累计筛余百分率计算航道砂样细度模数：

$$M_{x1} = \frac{0 + 0 + 0 + 0.15 + 29.75 - 5 \times 0}{100 - 0} = 0.299$$

$$M_{x2} = \frac{0 + 0 + 0 + 0.2 + 30.75 - 5 \times 0}{100 - 0} \approx 0.310$$

$$M_{x3} = \frac{0 + 0 + 0 + 0.25 + 29.1 - 5 \times 0}{100 - 0} \approx 0.294$$

取算术平均值并精确至 0.1，细度模数 $M_x = 0.3$。

取三份边滩砂样进行筛分试验，由表 2-4 筛分结果，根据其累计筛余百分率计算边滩砂样细度模数：

$$M_{x1} = \frac{0 + 0 + 0 + 0.0 + 11.8 - 5 \times 0}{100 - 0} = 0.118$$

$$M_{x2} = \frac{0 + 0 + 0 + 0.1 + 12.1 - 5 \times 0}{100 - 0} = 0.122$$

$$M_{x3} = \frac{0 + 0 + 0 + 0.1 + 11.5 - 5 \times 0}{100 - 0} = 0.116$$

取算术平均值并精确至 0.1，细度模数 $M_x = 0.1$。

根据《建筑用砂》(GB/T 14684—2022)，混凝土用砂分为粗砂、中砂、细砂和特细砂，其中细砂细度模数为 1.6～2.2，细度模数在 0.7～1.5 之间的为特细砂。航道砂样和边滩砂样比特细砂的细度模数还小，为超细砂，形态类似于粉末状。

6) 含泥量检测

砂的含泥量即砂中粒径小于 0.075 mm 的颗粒含量，含泥量对混凝土性能的影响较大，是混凝土用砂的重点控制指标，所以必须严谨、准确地测定砂的含泥量。

砂样含泥量分析试验依据《建筑用沙》(GB/T 14684—2022)所述,采用淘洗法进行。

称量试样200 g,记为$G_0=200.0$ g,用清水淘洗试样并用手轻轻抹匀直至层筛漏下的水变清澈,然后进行下层筛的淘洗。如此反复淘洗,直至最底层0.075 mm筛漏下的水清澈为止。最后用水淋洗各层筛上的细粒并将其倒入烧杯中,按对应筛将烧杯做好标记,将烧杯放入干燥箱烘干,烘干后将剩余试样质量相加,得到的总质量记为G_1。取三份航道砂样,经试验后得G_1分别为192.5 g、191.3 g、192.2 g,边滩砂样经试验后G_1分别为149.0 g、147.8 g、148.4 g。

航道砂样含泥量计算如下:

$$Q_1=\frac{G_0-G_1}{G_0}=\frac{200-192.5}{200}=3.75\%$$

$$Q_2=\frac{G_0-G_1}{G_0}=\frac{200-191.3}{200}=4.35\%$$

$$Q_3=\frac{G_0-G_1}{G_0}=\frac{200-192.2}{200}=3.90\%$$

对Q_1、Q_2、Q_3取算术平均值,得到$\overline{Q}=4.0\%$。即该砂样的含泥量为4.0%。

边滩砂样含泥量计算如下:

$$Q_1=\frac{G_0-G_1}{G_0}=\frac{200-149.0}{200}=25.50\%$$

$$Q_2=\frac{G_0-G_1}{G_0}=\frac{200-147.8}{200}=26.10\%$$

$$Q_3=\frac{G_0-G_1}{G_0}=\frac{200-148.4}{200}=25.80\%$$

对Q_1、Q_2、Q_3取算术平均值,得到$\overline{Q}=25.8\%$。

7)砂样堆积密度检测

沙的堆积密度检测方法如下:取试样一份,用漏斗或料勺将试样从容量筒中心以上50 mm处徐徐倒入,让试样自由落体。当容量筒上部试样呈堆体且容量筒四周溢满时,即停止加料。然后用直尺沿筒口中心线向两边刮平(试验过程应防止触动容量筒),称出试样和容量筒总质量,精确至1 g。

容量筒的校准方法:将温度为(20±2)℃的饮用水装满容量筒,用一玻璃板沿筒口推移,使其紧贴水面。擦干筒外壁水分,然后称出其质量,精确至1 g。松散堆积密度按下式计算,精确至10 kg/m³:

$$\rho = \frac{G_1 - G_2}{V}$$

式中：ρ——松散堆积密度，单位为千克每立方米（kg/m³）；

G_1——容量筒和试样总质量，单位为克（g）；

G_2——容量筒质量，单位为克（g）；

V——容量筒的容积，单位为升（L）。

取三次试验结果计算算术平均值 $\bar{\rho}$，精确至 1 kg/m³。

根据试验求得，容量筒的容积为 1.258 0 L，三次试验求出的航道砂样质量 $(G_1 - G_2)$ 分别为：1 516.0 g，1 526.3 g，1 524.8 g。航道砂样的堆积密度计算如下：

$$\rho_1 = \frac{1\ 516.0}{1.258\ 0} \approx 1\ 205.1 (\text{kg/m}^3)$$

$$\rho_2 = \frac{1\ 526.3}{1.258\ 0} \approx 1\ 213.3 (\text{kg/m}^3)$$

$$\rho_3 = \frac{1\ 524.8}{1.258\ 0} \approx 1\ 212.1 (\text{kg/m}^3)$$

$$\bar{\rho} = \frac{1\ 205.1 + 1\ 213.3 + 1\ 212.1}{3} \approx 1\ 210 (\text{kg/m}^3)$$

因此，该砂样的松散堆积密度为 1 210 kg/m³。

三次试验求出的边滩砂样质量 $(G_1 - G_2)$ 分别为：1 457.4 g，1 465.8 g，1 461.0 g。边滩砂样的堆积密度计算如下：

$$\rho_1 = \frac{1\ 457.4}{1.258\ 0} \approx 1\ 158.5 (\text{kg/m}^3)$$

$$\rho_2 = \frac{1\ 465.8}{1.258\ 0} \approx 1\ 165.2 (\text{kg/m}^3)$$

$$\rho_3 = \frac{1\ 461.0}{1.258\ 0} \approx 1\ 161.4 (\text{kg/m}^3)$$

$$\bar{\rho} = \frac{1\ 158.5 + 1\ 165.2 + 1\ 161.4}{3} = 1\ 161.7 \approx 1\ 162 (\text{kg/m}^3)$$

因此，该砂样的松散堆积密度为 1 162 kg/m³。

8）颗粒形貌

采用 Nikon Eclipse E200 POL 偏光显微镜进行砂样颗粒形貌分析，结果如图 2-9 和图 2-10 所示。

砂样整体呈现透明或半透明,颗粒独立,颗粒之间无黏结,边缘平直光滑。由于表面圆滑,颗粒摩擦力较小,团聚力很小,塑性较差。

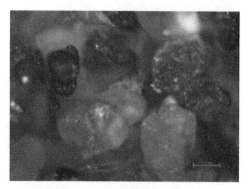

图 2-9　航道砂样颗粒形貌图

图 2-10　边滩砂样颗粒形貌图

2.2　疏浚砂形态结构特征研究

表征颗粒形态的参数分为二维和三维两类,其中二维参数又包括针度、圆度、棱角、纹理等,它们被归纳成形状特征、棱角性特征以及表面纹理特征三个方面[82]。宓永宁等[83]测定了辽河特细砂的针度、圆度等四个形态特征参数,同时结合 Mandelbrot 提出的"周长-面积"分形理论计算得到粒群的分形维数值。张颖[84]研究了特细砂混凝土抗压强度与分形维数的关系。邵欣等[85]利用扫描电镜从微观的角度研究特细砂颗粒形貌,发现特细砂颗粒形态差异不仅影响配制混凝土及砂浆的用水量,还影响抗压强度。而在其他细集料的颗粒形态研究方面,瞿福林[86]测定了 2.36～4.75 mm 的机制砂和天然砂的五个参数来表征细集料全粒级(0.15～4.75 mm)的粒形特性。周波[87]则采用六个二维参数,同时通过 Mora 提出的平均厚度公式引入两个三维参数。刘嘉栋[88]基于灰色关联分析法计算了石灰岩机制砂四个粒形特性参数与混凝土抗压强度的关联程度,并以关联度为权重定义了表征机制砂粒形的综合系数,试验表明综合系数与混凝土强度呈正相关关系。目前针对超细砂颗粒形态特征的研究尚不全面,未能引入多种形态特征参数对其进行描述。其他针对细集料颗粒形态的相关研究虽提出了共计 11 种形态特征参数,却是以逐个研究单一参数为主,未能将多个参数耦合为综合形态特征参数。例如在研究砂浆、混凝土的流动性、抗压强度等性能时,仅分析单个形态特征参数与性能指标的相关性,而未能解释多个参数耦合作用的影响。另外,就细集料颗粒形态特征的评价而言,现有的研究多是逐个比较不同细集料间的各个参数的计算结果,未能结合多个参数进行综合评价。目前虽有学者基于灰色关联分析计算综合系数,以此研究综合系数对混凝土力学性能的影响,然而仍然需要以试验测得的混凝土强度作为母序列,未能实现直接根据细集料的颗粒形态特征进行评价。

将超细砂部分取代细骨料制备混凝土是超细砂建材资源化利用的重要途径。本研究结合文献内容拟选取 11 种形态特征参数表征颗粒形状特征与颗粒棱角性特征,基于 TOPSIS-灰色关联分析法定义一种考虑多个参数的综合形状系数,从而依次实现对不同细集料颗粒的形态特征、不同种类细集料颗粒群的整体形态特征的综合评价,并着重分析比较超细砂的颗粒形态特征,为接下来疏浚砂替代机制砂、河砂制备混凝土提供理论依据。

2.2.1 样本制作与图像处理

本节研究对象为不同种类细集料颗粒的形态特征,为增大样本覆盖范围选取了 9 种细集料,依次为标准砂、河砂 A、河砂 B、超细砂 A、超细砂 B、超细砂 C、机制砂 A、机制砂 B、机制砂 C。长江水量丰沛,含砂丰富,所携泥沙沉淀堆积,本书所研究的超细砂 A、B、C 分别来自长江下游的三处不同航道。部分细集料样品如图 2-11 所示。事实上集料二维形状只是某个投影面的形状,而集料最终投影面的形状受具体摆放位置的影响,可能无法代表整个集料的特性。为了尽可能消除此影响,我们对每种细集料选取 250 个颗粒的大样本。

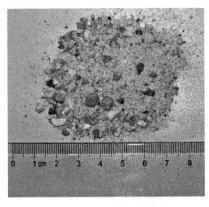 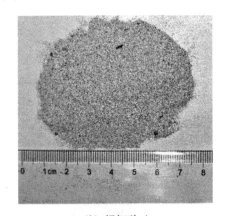

(a) 河砂　　　　　　　　　　　　　(b) 超细砂 A

图 2-11　部分细集料样品

样本制作与图像处理的主要步骤如下:

第一步,样品准备。对 9 种砂不区分粒径直接取样,用水清洗干净,用烘箱烘干,然后冷却至室温。

第二步,图像拍摄。从不同类别的砂中分别随机选取细骨料 250 粒为样本,将所选砂粒从上方释放,使其自然下落到承接板上,利用电子显微镜对放大了 200 倍率的颗粒进行拍照,像素为 2 752×2 208。所采集的图像如图 2-12(a)所示。

第三步,图像处理。应用 IPP 6.0 (Image-Pro Plus 6.0)软件对这种黑白灰图像依次进行锐化处理、图像平滑(高斯模糊)、噪声过滤(中值滤波法)、灰度图生成、二值化,同时结合 Photoshop 软件手动消除粘连颗粒、剔除背景杂质,以便于 IPP 6.0 软件对其的识别。处理后的颗粒图像如图 2-12(b)所示。

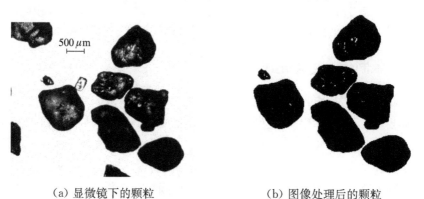

（a）显微镜下的颗粒　　　　　　　　（b）图像处理后的颗粒

图 2-12　图像处理方法

2.2.2　形态特征参数

现有的研究选取了许多参数用于描述颗粒的形态特征。为方便起见,现统一令参数大于 1,颗粒某一形状参数越大表示其在此方面越"粗糙"。形态特征参数中的符号含义与形态特征参数计算方式分别如表 2-5 和表 2-6 所示,表 2-5 中的外接矩形、外接多边形、等效椭圆、半径具体含义如图 2-13 所示。在获得处理后的二值化颗粒图像后,利用 IPP 6.0 测定了 11 种形态特征参数。

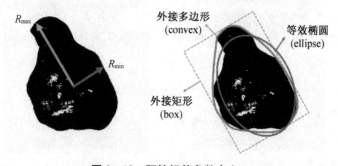

图 2-13　颗粒相关参数含义

表 2 - 5　符号含义[6,9]

维数	符号	全称	含义
一维	L	Length	长度(沿主轴方向的 Feret 直径)
	W	Width	宽度(沿次轴方向的 Feret 直径)
	P	Perimeter	周长(边界像素距离之和,经标定后转化为实际距离)
	P_c	Perimeter(convex)	外接多边形的周长
	P_e	Perimeter(ellipse)	等效椭圆的周长
	D_{max}	Diameter(max)	最大 Feret 直径(外切平行线的最大间距)
	D_{min}	Diameter(min)	最小 Feret 直径(外切平行线的最小间距)
	D_{mean}	Diameter(mean)	平均 Feret 直径
	R_{max}	Radius(max)	最大外接圆半径
	R_{min}	Radius(min)	最小内接圆半径
二维	A	Area	面积(像素数量经标定后转化为实际面积)
	A_c	Area(convex)	外接多边形的面积
	A_b	Area(box)	外接矩形的面积

表 2 - 6　形态特征参数

序号	形态特征参数	计算方式
1	针度	L/W[8, 9, 11, 12]
2	椭圆针度	等效椭圆长轴/等效椭圆短轴[8]
3	球度	$\sqrt[3]{D_{min} \times D_{mean}/D_{max}^2}$[8]
4	棱角性 A	P/P_e[13]
5	棱角性 B	P/P_c[11]
6	棱角性 C	P_c/P_e[9, 11]
7	半径比	R_{max}/R_{min}[11]
8	矩形度	A_b/A[9, 11-13]
9	圆度	$P^2/(4\pi A)$[8, 9, 11-13]
10	凸形度	A/A_c[8, 9]
11	分形维数	IPP 6.0 的 Fractal Dimension[9]

2.2.3　分形维数

1) 分形理论

分形几何是由法国数学家 Mandelbrot[89] 于 1970 年代提出并发展起来的一门新的数学科学。它以自然界不规则以及杂乱无章的现象为研究对象,其产生后很快被用于材料的微细观结构及其受力变形特性研究。分形维数(fractal dimension)是分形理论的核心内容之一,是一种度量复杂形态的方法,它可以直观定量地反映研究对象的分形特征。分形维数的测量方法有计盒维数法、面积—周长法、尺码法、变换法、方差法、功率谱法、轮廓均方根法、结构函数法及小波分析法和协方差加权法等[90]。

Turcotte 提出的多孔分散介质的粒径分布公式自问世以来,许多学者对用粒径分布表征的土壤分形特性开展了深入的研究。在粒径数量分布难以直接获得的情况下,杨培岭等[91]提出了用粒径的质量分布替代粒径数量分布来描述土壤分形特征的分形模型,并得到了国内许多学者的应用。数量和质量表征的颗粒分维值反映了研究对象粒度分布的均匀程度与粒群级配的优良程度,分维值越小,其走向也就越好[92]。

2) 计盒维数法

在多种计算分形维数的方法中,计盒维数法定义直观,计算简便,应用广泛,能够有效地计算图形的分形维数,其计算公式如下:

$$D=\lim_{L \to 0}\frac{\lg N(L)}{\lg(1/L)} \tag{2-1}$$

式中:D——所求骨料分布的盒维数;

L——正方形盒子的边长,以 $1/2^k$ 为步长变化($k=0,1,2,\cdots$);

$N(L)$——用边长为 L 的盒子去覆盖整体骨料分布所需要的盒子数。

通过不断改变盒子尺寸来改变覆盖图形的盒子总数,得到一系列$(L,N(L))$,并绘制 $\lg N(L)$-$\lg(1/L)$ 关系曲线。如果曲线满足线性关系,则证明图形具有自相似性,其斜率便是该分形图像的盒维数,可以利用分形几何理论来研究。除此以外,苏丽等[93]还使用了圆盒计算玄武岩-聚丙烯纤维增强混凝土的孔结构分形维数。本研究采用 IPP6.0 软件自带的 Fractal Dimension 计算参数作为分形维数,将其作为第 11 个参数补充进表 2-6。

3) 周长-面积法

Mandelbrot[89] 的研究表明,分形图形中,$P^{1/D}$-$A^{1/2}$ 的比例关系和图形自身尺寸无关,因此 A 的 P 关系可表示为:

$$\ln P=(D/2)\ln A+B \tag{2-2}$$

式中:B——常数,即截距。

作 $\ln A$-$\ln P$ 散点图,若存在线性关系,则直线斜率的 2 倍即为分形维数。

4) TOPSIS-灰色关联分析

(1) 综合评价方法

熵权法[94]是一种客观赋权法,主要是通过突出局部差异来计算权重,根据同一指标观测值之间的差异程度来反映其重要程度,不会受到主观因素影响,权重的设定更加客观。熵是信息论中测定系统无序程度的一个度量,熵权法的基本思想是,如果指标的信息熵越小,该指标提供的信息量越大,在综合评价中所起作用越大,权重就越高。

TOPSIS-灰色关联分析是一种定性和定量分析相结合的评估方法[95],该方法有效地解决了评估指标难以被准确量化和统计的问题,一定程度上降低了人为主观因素带来的影响,而且对样本量的要求较低,也不需要有典型的分布规律,目前已有学者将其应用于水工混凝土配合比设计。例如,赖勇超等[96]运用灰色关联分析计算机制砂石粉含量、泥块含量、粗糙度与混凝土 7 d 和 28 d 抗压强度、电通量、开裂面积间的关联度,基于两个关联度矩阵分析了影响混凝土性能的主要因素,得出抗压强度与粗糙度的关联度最大。

(2) 评估计算

① 特征参数的权重计算[97]

首先确定原始评估矩阵 $\boldsymbol{X}$,x_{ij} 表示第 i 个颗粒第 j 个特征参数的数值。在此基础上运用熵权法依次计算第 i 个颗粒第 j 个特征参数的权重 p_{ij}、第 j 个特征参数的熵值、第 j 个特征参数的熵权,该熵权即为各特征参数的权重 $\boldsymbol{w}$。

② 数据的标准化处理

根据各特征参数的权重 $\boldsymbol{w}=(w_1,w_2,\cdots,w_m)$ 对原始粒形数据进行加权处理,得到:

$$\boldsymbol{Y}=\begin{bmatrix} x_{11}w_1 & x_{12}w_2 & \cdots & x_{1m}w_m \\ x_{21}w_1 & x_{22}w_2 & \cdots & x_{2m}w_m \\ \vdots & \vdots & \vdots & \vdots \\ x_{n1}w_1 & x_{n2}w_2 & \cdots & x_{nn}w_m \end{bmatrix} \tag{2-3}$$

由于各个指标选取的量纲不一样,为了消除不同指标间的不可比性,对原始数据用式(2-4)进行无量纲标准化处理。

$$Y_{ij}=\frac{x_{ij}w_j-\min\limits_{1\leqslant i\leqslant n}x_{ij}w_j}{\max\limits_{1<i<n}x_{ij}w_j-\min\limits_{1\leqslant i\leqslant n}x_{ij}w_j} \tag{2-4}$$

③ 构建理想解

$$\{\boldsymbol{y^+}\}=\{1,1,1,1,1,1,1,1,1,1,1\}$$
$$\{\boldsymbol{y^-}\}=\{0,0,0,0,0,0,0,0,0,0,0\}$$

④ 灰色关联系数计算

$$\zeta_i(k)=\frac{\underset{i}{\min}\underset{k}{\min}|y_0(k)-y_i(k)|+\rho\cdot\underset{i}{\max}\underset{k}{\max}|y_0(k)-y_i(k)|}{|y_0(k)-y_i(k)|+\rho\cdot\underset{i}{\max}\underset{k}{\max}|y_0(k)-y_i(k)|}\quad(k=1,\cdots,m)$$

$$(2-5)$$

式中：ρ——分辨系数，ρ越小表示关联系数间差异越大、区分能力越强，此处取为0.5。

先后将两个理想解作为 $y_0(k)$ 代入式(2-5)，即可得到两个 $n\times m$ 的灰色关联系数矩阵。对单个颗粒的单个特征参数而言，与正理想解的灰色关联系数越大表示该颗粒的该指标越粗糙，与负理想解的灰色关联系数越大则反之。

⑤ 求关联度

计算单个颗粒的各个特征参数与参考序列(理想解)对应元素的关联系数的均值，以反映各评价对象与参考序列的关联关系，并称其为关联度，记为：

$$r_i=\frac{1}{m}\sum_{k=1}^{m}\zeta_i(k)\tag{2-6}$$

⑥ 确定综合系数

$$C_i=\frac{r_i^+}{r_i^++r_i^-}\tag{2-7}$$

5) 评价结果

(1) 人为主观评价验证

为验证上述 TOPSIS-灰色关联分析评价方法的准确性，在超细砂 A 中选取了五个形状特殊、面积相近的颗粒，根据人为主观评价的结果，按照粗糙程度依次命名为颗粒 A 至颗粒 E。五个颗粒形态特征的差异集中体现在形状特征、棱角性特征两方面：颗粒 A 和 B 的针度较大，且棱角性也较大；颗粒 C 和 D 的针度较小，然而棱角性较大；颗粒 E 的针度虽稍大于颗粒 C 和 D，然而棱角性较小。

进一步对上述颗粒分别按照针度、综合系数进行排序，其结果如表 2-7 所示，括号内为针度、综合系数的具体数值，数值越大表示颗粒越粗糙。从排序结果可以看出，仅考虑针度这一形态特征参数无法有效表征外轮廓的棱角特性，造成颗粒 E 及颗粒 C 和 D 的排序结果不准确，而综合系数则能结合 11 个形态特征参数，较为准确地描述五个颗粒的形态特征,其排序结果亦与人为主观评价的结果相符。

表 2−7　五个颗粒的排序结果

参数	A	B	C	D	E
针度	1(1.45)	2(1.31)	4(1.09)	5(1.04)	3(1.16)
综合系数	1(0.52)	2(0.48)	3(0.41)	4(0.38)	5(0.36)

（2）正态分布验证

经过 TOPSIS-灰色关联分析后得到 9 种细集料共计 2 250 个颗粒的综合形状系数,在图 2−14 中作出分布直方图、分布 Q-Q 图。图 2−14(b) 的 Q-Q 曲线基本与参考线重合,说明该方法得到的综合系数分布近似于正态分布。

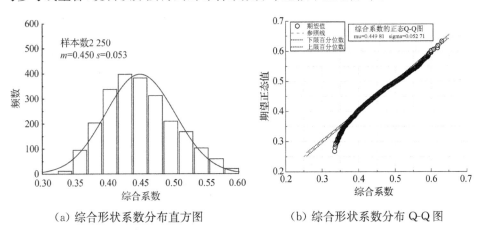

（a）综合形状系数分布直方图　　　　（b）综合形状系数分布 Q-Q 图

图 2−14　全部细集料的综合系数统计结果

（3）整体综合系数

经过 TOPSIS-灰色关联分析得到的只是每个颗粒的综合体视学参数,要得到各类颗粒的整体综合参数还需对其进行统计分析。除了直接计算颗粒群综合系数平均值的统计方法以外,张小伟等[98]还提出了体积权重法,以单个颗粒的体积占颗粒群体积总和的比重作为权重,在此处即为单个颗粒的面积与该种细集料的颗粒群总面积的比值,计算公式如式（2−8）所示。

$$C = \frac{\sum A_i C_i}{\sum A_i} \tag{2−8}$$

利用式（2−8）的计算结果,在图 2−15 中作出 9 种细集料的整体综合系数柱状图。从图 2-15 中可以发现，综合来看，整体综合系数按大小排列依次为机制砂、超细砂、河砂、标准砂。对于超细砂 A 的系数大于机制砂 C 的系数这一现象，则有可能是因为样本数量不足、颗粒选取不均匀，或超细砂 A 本就在形状特征、棱角性特征两方面比机制砂 C 更加粗糙。

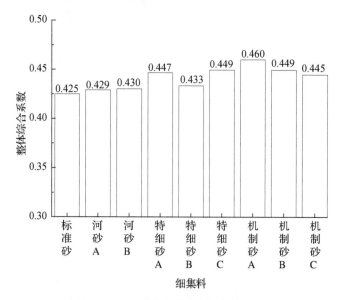

图 2-15　细集料整体综合系数柱状图

从超细砂的整体综合系数计算结果可以看出，用超细砂部分取代河砂、标准砂细集料制备水工混凝土制品可以增大细集料的整体综合系数。从粒形角度考虑，在浆膜厚度相同的情况下将有助于增强浆体与颗粒黏结力。此外，由于超细砂颗粒小，砂浆包裹厚度薄，适当增大石子的用量、减少砂浆用量可以使骨架坚固，在砂浆用量较小的情况下可以保证足够的浆膜厚度[99]。

（4）"周长-面积"分形维数

以超细砂 A 为例，在图 2-16(a) 中作出 lnA-lnP 散点图并线性回归，从图中可以发现 lnA 和 lnP 之间存在明显的线性关系，$R^2=0.998$。由周长-面积法的式 (2-2)可知，$D=1.019$。

为了观察式(2-2)求得的分形维数与式(2-8)求得的整体综合系数的相关性，利用 9 种细集料的计算结果，在图 2-16(b) 中作出的分形维数-整体综合系数散点图，同时在图中以直接平均法的整体综合系数作为对比。从图 2-16(b) 可以看出，采用体积权重法计算所得的整体综合系数与分形维数存在有较好的线性关系，$R^2=0.788$，而直接平均法的结果与分形维数则无相关性，这一结果进一步表明了式(2-8)在表征颗粒群整体综合系数方面的科学性。

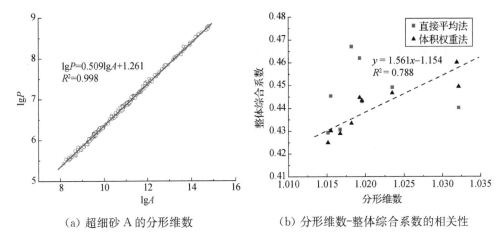

（a）超细砂 A 的分形维数　　　　　　（b）分形维数-整体综合系数的相关性

图 2-16　分形维数与整体综合系数计算结果

2.3　本章小结

本章基于 TOPSIS-灰色关联分析法定义了一种考虑多个参数的综合形状系数，从而依次实现了对不同细集料颗粒的形态特征、不同种类细集料颗粒群的整体形态特征的综合评价，并着重分析比较了超细砂的颗粒形态特征。主要工作内容和成果如下：

（1）计算了 9 种细集料共计 2 250 个颗粒的 11 个形态特征参数，采用 TOPSIS-灰色关联分析对颗粒群的形态特征进行综合评价，得到了颗粒群的综合系数。通过人为主观评价对比、正态分布检验、9 种细集料结果对比，验证了该评价方法的准确性。整体而言，样本中的整体综合系数按大小排列依次对应为机制砂、超细砂、河砂、标准砂。

（2）采用周长-面积法对 9 种细集料颗粒群的 lnA-lnP 进行线性回归，发现二者均存在明显的线性关系，对斜率乘 2 即可求得颗粒群的分形维数。

（3）分别采用直接平均法和体积权重法对颗粒群的综合系数进行统计分析，观察整体综合系数与基于周长-面积法求得的分形维数的相关性，结果表明体积权重法所得的整体综合系数与分形维数具有较好的相关性。

（4）用超细砂部分取代河砂、标准砂细集料制备水工混凝土制品可以增大细集料的整体综合系数，在颗粒浆膜厚度相同的情况下将有助于增强浆体与颗粒的黏结力。

3 砂性混凝土配合比设计及性能检测

3.1 水胶比对砂性混凝土力学性能的影响

3.1.1 粉煤灰为填料时水胶比对砂性混凝土力学性能的影响

通过上述体积法配制可以替代普通 C30 混凝土的砂性混凝土,砂性混凝土的水泥用量通常为 $350\sim450$ kg/m³。为探究水胶比对砂性混凝土力学性能的影响,取水胶比分别为 0.54、0.50 和 0.46,砂性混凝土的水泥用量固定在 400 kg/m³,选取填料掺量分别为 100 kg/m³、150 kg/m³ 和 200 kg/m³,减水剂掺量为胶凝材料的0.6%。具体配合比及力学性能如表 3-1、表 3-2 和图 3-1～图 3-3 所示。

表 3-1　水胶比对砂性混凝土抗压强度的影响

序号	水泥/(kg/m³)	粉煤灰/(kg/m³)	砂/(kg/m³)	水胶比	外加剂掺量/%	抗压强度/MPa		
						3 d	28 d	90 d
1	400.0	100	1 200.0	0.54	0.6	15.08	25.75	28.46
2	400.0	100	1 220.0	0.50	0.6	17.65	27.16	30.96
3	400.0	100	1 240.0	0.46	0.6	19.80	28.17	32.20
4	400.0	150	1 144.0	0.54	0.6	18.77	28.55	33.56
5	400.0	150	1 163.0	0.50	0.6	19.91	31.31	35.17
6	400.0	150	1 186.0	0.46	0.6	20.15	32.43	37.29
7	400.0	200	1 096.0	0.54	0.6	20.40	34.56	37.94
8	400.0	200	1 115.0	0.50	0.6	22.79	37.29	40.68
9	400.0	200	1 128.0	0.46	0.6	23.90	38.11	41.71

表 3-2　水胶比对砂性混凝土劈裂抗拉强度的影响

序号	水泥/(kg/m³)	粉煤灰/(kg/m³)	砂/(kg/m³)	水胶比	外加剂掺量/%	劈裂抗拉强度/MPa		
						3 d	28 d	90 d
1	400.0	100	1 200.0	0.54	0.6	2.44	3.30	3.64
2	400.0	100	1 220.0	0.50	0.6	2.56	3.49	4.18

序号	水泥/ (kg/m³)	粉煤灰/ (kg/m³)	砂/ (kg/m³)	水胶比	外加剂 掺量/%	劈裂抗拉强度/MPa		
						3 d	28 d	90 d
3	400.0	100	1 240.0	0.46	0.6	2.66	3.51	4.24
4	400.0	150	1 144.0	0.54	0.6	2.39	3.51	4.15
5	400.0	150	1 163.0	0.50	0.6	2.53	4.11	4.53
6	400.0	150	1 186.0	0.46	0.6	2.63	4.28	4.67
7	400.0	200	1 096.0	0.54	0.6	2.77	4.06	4.18
8	400.0	200	1 115.0	0.50	0.6	2.98	4.32	4.42
9	400.0	200	1 128.0	0.46	0.6	3.05	4.47	4.72

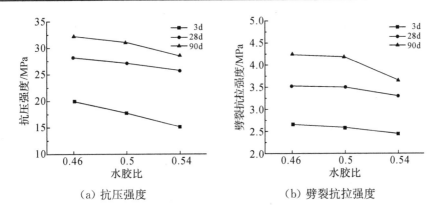

（a）抗压强度　　　　　　（b）劈裂抗拉强度

图 3-1　粉煤灰掺量为 100 kg/m³ 时试件力学性能

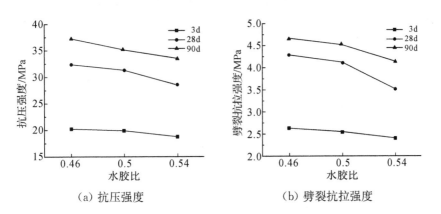

（a）抗压强度　　　　　　（b）劈裂抗拉强度

图 3-2　粉煤灰掺量为 150 kg/m³ 时试件力学性能

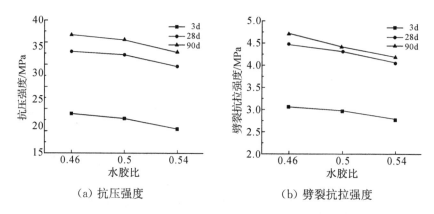

（a）抗压强度　　　　　　　　　　（b）劈裂抗拉强度

图 3 - 3　粉煤灰掺量为 200 kg/m³ 时试件力学性能

由表 3-1、表 3-2 和图 3-1～图 3-3 可知,在相同粉煤灰掺量下,随着水胶比不断降低,试件 3 d、28 d、90 d 抗压强度及劈裂抗拉强度均提高,但是随着龄期的增长,强度上升的速率变缓,后期砂性混凝土强度未出现倒缩现象。如水胶比从0.54 降到 0.50 时,试件 3 d、28 d 和 90 d 抗压强度分别增加了 11.3 ％、7.8％和6.8％;试件 3 d、28 d 和 90 d 劈裂抗拉强度分别增加 6.3％、9.7％和8.9％。在相同水胶比情况下,随着粉煤灰用量的增加,试件 3 d、28 d、90 d 抗压强度及劈裂抗拉强度均有所提高。如粉煤灰掺加量从 100 kg/m³ 增加到 150 kg/m³ 时,试件 3 d、28 d和 90 d 抗压强度分别增加了 12％、14％和 15.7％;试件 3 d、28 d 和 90 d 劈裂抗拉强度分别增加了 −1.4％、15.5％和 10.7％。

由于粉煤灰对混凝土而言,能起到减水作用、致密作用和匀质作用,改变拌和物的流变性质,且能用粉煤灰替代同等水泥用量,能够降低水的使用量。随着水胶比不断降低,试件强度提高,这是因为水胶比较大时,样品混合物中水泥颗粒相对较少,颗粒间距离较大,水化产生的胶体难以充斥颗粒间隙。水蒸发所导致的空隙即为水空,样品内部残余了一部分水分,而水分蒸发会有大量水空产生,从而降低了样品强度[100]。相反,水胶比降低时,颗粒之间联系紧密,颗粒间隙也易被水泥水化产生的胶体填充,水分蒸发后的水空占样品内部空间小,样品强度得到提高。

水胶比过大时,可能会产生水泥浆过稀的情况,这时拌和物虽流动性大,但将产生严重的分层离析和泌水现象,不能保证混凝土拌和物的黏聚性和保水性,并且会严重影响混凝土的强度和耐久性[101]。水胶比过大时,新生成的胶体水泥浆浓度低,水化后混凝土体内的多余游离水分往往先附着在骨料上,胶体与骨料黏结面积减小,黏结力下降,混凝土硬化时会产生细小裂纹,从而降低了混凝土强度。水胶比过小时,水泥浆就越稠,不仅混凝土拌和物的流动性会变小,黏聚性也会因混凝土发涩而变差,在一定施工条件下密实胶体和晶体的材料不能充分形成,混凝土和易性差,混凝土振捣、密实很困难。如果在混凝土充分硬化后未水化,水泥再遇水会发生水化作用,水化产物造成的膨胀应力作用便有可能造成混凝土的开裂。

在相同粉煤灰掺量下,水胶比从 0.54 降到 0.50,试件 28 d 抗压强度最高增加了 9.6%,但是水胶比从 0.50 降到 0.46 时,强度增加不明显,因此水胶比在 0.46～0.50 之间选取较为合理。

3.1.2 矿粉为填料时水胶比对砂性混凝土力学性能的影响

矿粉作为填料掺量时水胶比对砂性混凝土力学性能的影响如表 3－3、表 3－4 和图 3－4～图 3－6 所示。

表 3－3 水胶比对砂性混凝土抗压强度的影响

序号	水泥/(kg/m³)	矿粉/(kg/m³)	砂/(kg/m³)	水胶比	外加剂掺量/%	抗压强度/MPa		
						3 d	28 d	90 d
1	400.0	100	1 200.0	0.54	0.6	17.45	28.04	32.50
2	400.0	100	1 220.0	0.50	0.6	22.50	31.71	37.16
3	400.0	100	1 240.0	0.46	0.6	23.70	33.90	38.28
4	400.0	150	1 144.0	0.54	0.6	23.68	31.90	35.90
5	400.0	150	1 163.0	0.50	0.6	24.71	35.35	38.99
6	400.0	150	1 186.0	0.46	0.6	25.90	36.32	39.77
7	400.0	200	1 096.0	0.54	0.6	23.33	35.52	37.80
8	400.0	200	1 115.0	0.50	0.6	28.69	36.96	39.86
9	400.0	200	1 128.0	0.46	0.6	29.19	37.27	41.01

表 3－4 水胶比对砂性混凝土劈裂抗拉强度的影响

序号	水泥/(kg/m³)	矿粉/(kg/m³)	砂/(kg/m³)	水胶比	外加剂掺量/%	劈裂抗拉强度/MPa		
						3 d	28 d	90 d
1	400.0	100	1 200.0	0.54	0.6	2.60	3.15	3.91
2	400.0	100	1 220.0	0.50	0.6	2.79	3.47	4.30
3	400.0	100	1 240.0	0.46	0.6	2.82	3.58	4.44
4	400.0	150	1 144.0	0.54	0.6	2.84	3.86	4.32
5	400.0	150	1 163.0	0.50	0.6	3.21	4.13	4.43
6	400.0	150	1 186.0	0.46	0.6	3.40	4.28	4.52
7	400.0	200	1 096.0	0.54	0.6	3.23	3.97	4.25
8	400.0	200	1 115.0	0.50	0.6	3.42	4.16	4.48
9	400.0	200	1 128.0	0.46	0.6	3.53	4.30	4.61

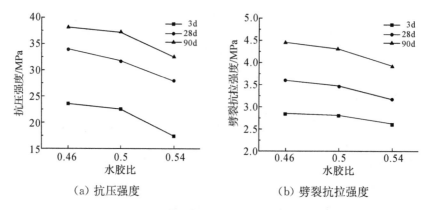

（a）抗压强度　　　　　　　　　　（b）劈裂抗拉强度

图 3 - 4　矿粉掺量为 100 kg/m³ 时试件力学性能

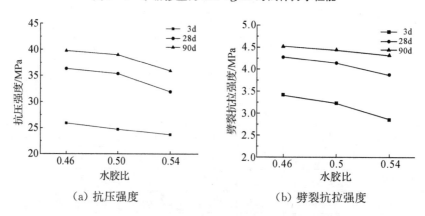

（a）抗压强度　　　　　　　　　　（b）劈裂抗拉强度

图 3 - 5　矿粉掺量为 150 kg/m³ 时试件力学性能

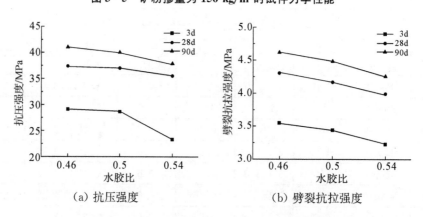

（a）抗压强度　　　　　　　　　　（b）劈裂抗拉强度

图 3 - 6　矿粉掺量为 200 kg/m³ 时试件力学性能

由表 3-3、表 3-4 和图 3-4~图 3-6 可知,在相同矿粉掺量下,随着水胶比不断降低,试件 3 d、28 d、90 d 抗压强度及劈裂抗拉强度大体上均有所提高,但是随着龄期的增长,大体上来看,强度上升的速率变缓,后期砂性混凝土强度未出现倒缩现象。如水胶比从 0.54 降到 0.50 时,试件 3 d、28 d 和 90 d 抗压强度分别增加了 17.7%、8.7% 和 9.2%,试件 3 d、28 d 和 90 d 劈裂抗拉强度分别增加了 8.7%、7.1% 和 5.8%。在相同水胶比情况下,随着矿粉用量的增加,试件 3 d、28 d、90 d 抗压强度及劈裂抗拉强度均有所提高。如矿粉掺加量从 150 kg/m³ 增加到 200 kg/m³ 时,试件 3 d、28 d 和 90 d 抗压强度分别增加了 9.3%、6.0% 和 3.5%,试件 3 d、28 d 和 90 d 劈裂抗拉强度分别增加了 7.7%、1.3% 和 0.5%。

矿粉作为掺和料用于制备混凝土,可显著改善新拌混凝土的工作性能,改善混凝土的内部结构。在水泥用量一定的前提下,水胶比过大或过小均不利于混凝土强度的提高[102]。在混凝土的硬化过程中,除水泥水化反应用去一部分水量外,仍有部分呈游离状态的水分存在于混凝土中,这部分水分随着硬化过程逐渐蒸发出来,最后形成孔隙和毛细管通路。如果水胶比较大,多余的呈游离状态的水分会附着在骨料的表面,占据了部分胶体与骨料的接触面,导致胶体与骨料的接触面减小,黏结力随之减小,这会降低混凝土的强度。如果水胶比较小,混凝土和易性差,施工时混凝土振捣密实困难,势必会影响混凝土的强度。

在相同矿粉掺量下,水胶比从 0.54 降到 0.50,试件 28 d 抗压强度最高增加了 14.1%,但是水灰比从 0.50 降到 0.46 时,强度增加不明显,因此水胶比在 0.46~0.50 之间选取较为合理。

3.2 填料掺量对砂性混凝土力学性能的影响

3.2.1 粉煤灰填料掺量的影响

通过上述体积法配制可以替代普通 C30 混凝土的砂性混凝土,砂性混凝土的水泥用量通常为 350~450 kg/m³ 之间,选取填料掺量分别为 100 kg/m³、150 kg/m³ 和 200 kg/m³,固定水胶比为 0.48,减水剂掺量为胶凝材料的 0.6%。具体配合比及力学性能如表 3-5、表 3-6 和图 3-7~图 3-9 所示。

表 3-5　粉煤灰掺量对砂性混凝土抗压强度影响

序号	水泥/ (kg/m³)	粉煤灰/ (kg/m³)	砂/ (kg/m³)	水胶比	外加剂 掺量/%	抗压强度/MPa		
						3 d	28 d	90 d
1	360.0	100	1 267.0	0.48	0.6	14.98	23.11	25.33
2	360.0	150	1 218.0	0.48	0.6	16.63	24.64	28.50
3	360.0	200	1 176.0	0.48	0.6	17.66	26.43	30.21
4	400.0	100	1 225.0	0.48	0.6	17.51	28.60	31.65
5	400.0	150	1 174.0	0.48	0.6	18.03	31.42	35.56
6	400.0	200	1 135.0	0.48	0.6	20.38	33.69	36.80
7	440.0	100	1 190.0	0.48	0.6	19.08	31.75	34.50
8	440.0	150	1 143.0	0.48	0.6	21.77	34.55	36.64
9	440.0	200	1 090.0	0.48	0.6	22.40	35.56	38.68

表 3-6　粉煤灰掺量对砂性混凝土劈裂抗拉强度影响

序号	水泥/ (kg/m³)	粉煤灰/ (kg/m³)	砂/ (kg/m³)	水胶比	外加剂 掺量/%	劈裂抗拉强度/MPa		
						3 d	28 d	90 d
1	360.0	100	1 267.0	0.48	0.6	1.92	3.00	3.23
2	360.0	150	1 218.0	0.48	0.6	2.36	3.45	3.61
3	360.0	200	1 176.0	0.48	0.6	2.19	3.59	3.72
4	400.0	100	1 225.0	0.48	0.6	2.39	3.32	3.80
5	400.0	150	1 174.0	0.48	0.6	2.55	3.76	4.17
6	400.0	200	1 135.0	0.48	0.6	2.65	3.99	4.35
7	440.0	100	1 190.0	0.48	0.6	2.44	3.40	3.92
8	440.0	150	1 143.0	0.48	0.6	2.69	3.91	4.31
9	440.0	200	1 090.0	0.48	0.6	2.77	4.13	4.54

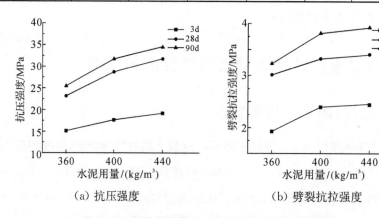

（a）抗压强度　　　　　　　（b）劈裂抗拉强度

图 3-7　粉煤灰掺量为 100 kg/m³ 时试件力学性能

　长江下游超细疏浚砂在混凝土中的应用技术研究

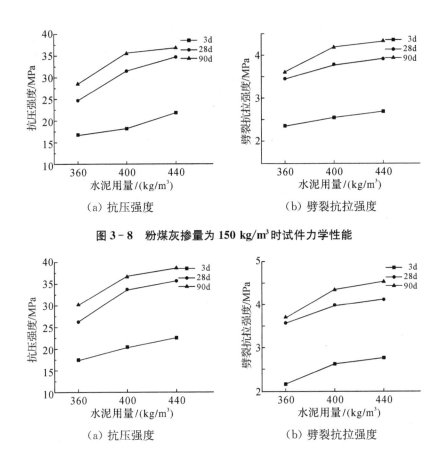

（a）抗压强度　　　　　　　　　　（b）劈裂抗拉强度

图 3-8　粉煤灰掺量为 150 kg/m³ 时试件力学性能

（a）抗压强度　　　　　　　　　　（b）劈裂抗拉强度

图 3-9　粉煤灰掺量为 200 kg/m³ 时试件力学性能

由表 3-5、表 3-6 和图 3-7～图 3-9 可知,在相同水泥掺量下,随着粉煤灰掺量不断增加,试件 3 d、28 d、90 d 抗压强度及劈裂抗拉强度均提高,但是随着龄期的增长,强度上升的速率变缓,后期砂性混凝土强度未出现倒缩现象。如粉煤灰掺加量从 150 kg/m³ 增加到 200 kg/m³ 时,试件 3 d、28 d 和 90 d 抗压强度分别增加了 7.1%、5.6% 和 5.0%,试件 3 d、28 d 和 90 d 劈裂抗拉强度分别增加了 0.1%、10.3% 和 4.3%。在相同粉煤灰掺量下,随着水泥用量的增加,试件 3 d、28 d、90 d 抗压强度及劈裂抗拉强度均有所提高。如水泥掺加量从 360 kg/m³ 增加到 400 kg/m³ 时,试件 3 d、28 d 和 90 d 抗压强度分别增加了 13.5%、26.3% 和 23.8%,试件 3 d、28 d 和 90 d 劈裂抗拉强度分别增加了 17.3%、10.3% 和 16.7%。

由于粉煤灰比疏浚砂粒径更细,且粒型完整,表面光滑,质地致密,对混凝土而言,能起到减水作用、致密作用和匀质作用,能改变拌和物的流变性质。用粉煤灰替代同等水泥用量,能够降低水的使用量,或者提高水泥混凝土的有关特性[103]。添加的粉煤灰颗粒能够补充混凝土里存在的微小间隔,个别甚至能够补充两颗粒中间形成的间隔,从而能够明显增强混凝土的紧密程度,进而改善水泥混凝土抵抗渗漏的特性和抗压强度。掺粉煤灰能有效改善混凝土工作性能、优化水泥石的孔结构,使孔径得以细化和匀化,以提高混凝土的密实度,从而提高混凝土的抗渗与抗冻性能,还可减少混凝土的泌水与离析现象,降低水化热,抑制因温差而产生的裂缝等。粉煤灰中的 SiO_2 与反应产物 $Ca(OH)_2$ 二次同水发生化学作用,产生具有黏结效应的水化硅酸钙,从而增加了混凝土中胶凝物质的含量,这是掺粉煤灰水泥后期强度较高的最主要原因[104]。粉煤灰掺量过大也会引起未水化颗粒过多沉积在胶凝材料与骨料的界面处,从而影响混凝土的黏聚性,降低混凝土的密实度。

在相同水泥掺量下,粉煤灰掺加量从 100 kg/m³ 增加到 150 kg/m³ 时,试件 28 d 抗压强度最高增加了 9.9%,但是粉煤灰继续增加,增加到 200 kg/m³ 时,强度增加不明显,可能是级配不合理导致,因此,粉煤灰掺量取 150 kg/m³ 是一个合理掺量。

3.2.2 矿粉作为填料掺量对砂性混凝土力学性能的影响

矿粉作为填料掺量对砂性混凝土力学性能的影响如表 3-7、表 3-8 和图 3-10~图 3-12 所示。

表 3-7 矿粉掺量对砂性混凝土抗压强度的影响

序号	水泥/(kg/m³)	矿粉/(kg/m³)	砂/(kg/m³)	水胶比	外加剂掺量/%	抗压强度/MPa		
						3 d	28 d	90 d
1	360.0	100	1 267.0	0.48	0.6	17.46	25.64	28.55
2	360.0	150	1 218.0	0.48	0.6	18.22	28.59	31.85
3	360.0	200	1 176.0	0.48	0.6	19.47	30.18	33.33
4	400.0	100	1 225.0	0.48	0.6	21.01	31.04	32.85
5	400.0	150	1 174.0	0.48	0.6	22.80	34.77	37.84
6	400.0	200	1 135.0	0.48	0.6	23.75	35.13	39.96
7	440.0	100	1 190.0	0.48	0.6	22.45	33.04	35.48
8	440.0	150	1 143.0	0.48	0.6	24.68	35.90	38.40
9	440.0	200	1 090.0	0.48	0.6	25.33	37.52	41.85

表 3-8 矿粉掺量对砂性混凝土劈裂抗拉强度的影响

序号	水泥/ (kg/m³)	矿粉/ (kg/m³)	砂/ (kg/m³)	水胶比	外加剂 掺量/%	劈裂抗拉强度/MPa		
						3 d	28 d	90 d
1	360.0	100	1 267.0	0.48	0.6	2.34	3.05	3.52
2	360.0	150	1 218.0	0.48	0.6	2.46	3.23	3.62
3	360.0	200	1 176.0	0.48	0.6	2.66	3.63	3.78
4	400.0	100	1 225.0	0.48	0.6	2.94	3.95	4.12
5	400.0	150	1 174.0	0.48	0.6	3.16	4.03	4.32
6	400.0	200	1 135.0	0.48	0.6	3.36	4.13	4.28
7	440.0	100	1 190.0	0.48	0.6	3.10	4.15	4.38
8	440.0	150	1 143.0	0.48	0.6	3.54	4.06	4.37
9	440.0	200	1 090.0	0.48	0.6	3.53	4.29	4.42

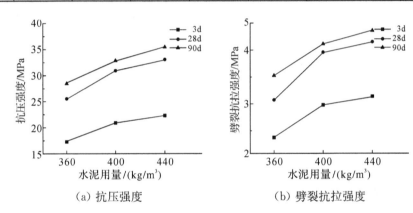

（a）抗压强度　　　　　　（b）劈裂抗拉强度

图 3-10　矿粉掺量为 100 kg/m³ 时试件力学性能

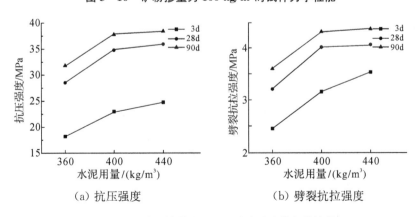

（a）抗压强度　　　　　　（b）劈裂抗拉强度

图 3-11　矿粉掺量为 150 kg/m³ 时试件力学性能

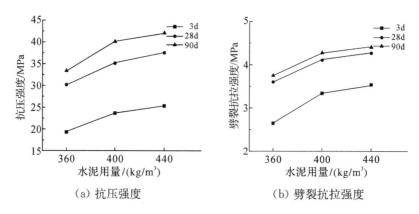

（a）抗压强度　　　　　　　　　　（b）劈裂抗拉强度

图 3-12　矿粉掺量为 200 kg/m³ 时试件力学性能

由表 3-7、表 3-8 和图 3-10～图 3-12 可知，在相同水泥掺量下，随着矿粉掺量不断增加，试件 3 d、28 d、90 d 抗压强度及劈裂抗拉强度均提高，但是随着龄期的增长，后期强度增长速率变缓，后期砂性混凝土强度未出现倒缩现象。如矿粉掺加量从 100 kg/m³ 增加到 150 kg/m³ 时，试件 3 d、28 d 和 90 d 抗压强度分别增加了 7.8%、10.6% 和 11.6%，试件 3 d、28 d 和 90 d 劈裂抗拉强度分别增加了 9.3%、1.5% 和 2.4%。在相同矿粉掺量下，随着水泥用量的增加，试件 3 d、28 d、90 d 抗压强度及劈裂抗拉强度大体呈现上升态势。如水泥掺加量从 400 kg/m³ 增加到 440 kg/m³ 时，试件 3 d、28 d 和 90 d 抗压强度分别增加了 7.3%、5.5% 和 4.6%，试件 3 d、28 d 和 90 d 劈裂抗拉强度分别增加了 7.5%、3.2% 和 3.5%。

矿粉作为掺和料用于制备混凝土，可显著改善新拌混凝土的工作性能，改善混凝土的内部结构，提高混凝土的耐久性和后期强度等。随着矿粉掺量的上升，混凝土抗磨损能力逐渐增强[105]。混凝土中掺入矿粉填料后能有效提高混凝土中颗粒的堆积密度，使混凝土形成微观层次的自密实体系，故矿粉填料有利于提高混凝土的致密性和强度。水泥水化可产生大量的 $Ca(OH)_2$，在 $Ca(OH)_2$ 作用下，具有活性的矿粉可迅速水化生成大量低密度 C-S-H 和钙矾石，因此砂混凝土中矿粉的加入将有效减少 $Ca(OH)_2$ 在水化产物中的积累，从而减小了 C-S-H 等水化产物中孔的尺寸，使水化产物得以变密实，这对砂混凝土抗压强度的提高是有利的[18]。另外，水泥中存在的少量 C_3A 可进一步激发矿粉的活性，加速水泥水化过程，生成碳铝酸钙晶体，这可能是砂性混凝土早期抗压强度增长较快的原因之一。

在相同水泥掺量下，矿粉掺加量从 100 kg/m³ 增加到 150 kg/m³ 时，试件 28 d 抗压强度最高增加了 12.0%，但矿粉掺量从 150 kg/m³ 增加到 200 kg/m³ 时，强度最高增加了 5.6%，增长幅度不大。与此同时，矿粉掺量从 150 kg/m³ 增加到 200 kg/m³ 时，试件劈裂抗拉强度变化幅度很小，因此矿粉掺量取 150 kg/m³ 是一个合理掺量。

在相同水泥掺量下，随着矿粉掺量的增加，试件强度增加，水泥掺量为 400 kg/m³，矿粉掺量分别为 100 kg/m³、150 kg/m³ 和 200 kg/m³ 时，试件 28 d 抗压强度分别为 31.04 MPa、34.77 MPa 和 35.13 MPa。与粉煤灰相比，掺入矿粉更明显地提高了试件的强度。Saffar[106] 研究表明填充物减少了空隙，增加了混凝土的密度、稳定性和韧性，认为在混凝土中添加矿粉或粉煤灰作为填料可以纠正或优化粒径分布，以提高密实度，从而提高强度。除了孔隙填充效应外，矿粉或粉煤灰的火山灰性质也有助于试件抗压强度的提升。在混凝土中添加矿粉或粉煤灰可以提高混凝土的密实性、稠度和长时间的稳定性。这种影响可以提高抗压强度，减少干缩，从而提高耐久性。此外，添加矿粉填料的砂性混凝土在不同养护时间的抗压强度均高于粉煤灰。主要原因是与粉煤灰相比，矿粉具有更高的比表面积和更细的颗粒。此外，与粉煤灰相比，矿粉的火山灰作用更活跃，其对强度的改善作用也更明显。

水泥掺加量从 360 kg/m³ 增加到 400 kg/m³ 时，试件 28 d 抗压强度最高增加了 21.6%，但水泥掺量从 400 kg/m³ 增加到 440 kg/m³ 时，增长幅度不大，因此矿粉掺量取 400 kg/m³ 是一个合理掺量。在砂性混凝土结构中，水泥在粗骨料和细骨料之间起到胶结作用，而骨料之间的黏结面的大小和黏结程度通常是由水泥用量来决定的[107]，水泥用量足，骨料的胶结面大，使得粗骨料与细骨料黏结得更牢固，从而提高了细粒混凝土强度。而当水泥用量过高时，相应的混凝土中骨料含量下降，对其在混凝土中的骨架作用效应也会减弱，这不利于混凝土强度的增长，因此随着水泥用量的增加，细粒混凝土结构强度增长速率会放缓。

3.3　含泥量对砂性混凝土性能的影响

为探究含泥量对砂性混凝土力学性能的影响，选砂性混凝土的水泥用量固定在 400 kg/m³，选取矿粉掺量分别为 100 kg/m³、150 kg/m³ 和 200 kg/m³，减水剂掺量为胶凝材料的 0.6%，疏浚砂含泥量分别取 4%、11%、16% 和 25%。具体配合比及力学性能如表 3-9、表 3-10 和图 3-13～图 3-15 所示。

表 3-9　不同含泥量对砂性混凝土抗压强度的影响

序号	水泥/(kg/m³)	矿粉/(kg/m³)	[疏浚砂/(kg/m³)]/(含泥量/%)	水胶比	外加剂掺量/%	抗压强度/MPa		
						3 d	28 d	90 d
1	400.0	100	1 225.0/4	0.48	0.6	21.70	35.90	38.28
2	400.0	150	1 174.0/4	0.48	0.6	23.90	36.32	40.77
3	400.0	200	1 135.0/4	0.48	0.6	25.19	38.27	41.01

序号	水泥/(kg/m³)	矿粉/(kg/m³)	〔疏浚砂/(kg/m³)〕/（含泥量/%）	水胶比	外加剂掺量/%	抗压强度/MPa		
						3 d	28 d	90 d
4	400.0	100	1 225.0/11	0.48	0.6	20.26	33.83	36.57
5	400.0	150	1 174.0/11	0.48	0.6	22.02	35.88	38.84
6	400.0	200	1 135.0/11	0.48	0.6	24.15	37.00	39.58
7	400.0	100	1 225.0/16	0.48	0.6	17.33	30.52	33.80
8	400.0	150	1 174.0/16	0.48	0.6	19.69	34.96	37.86
9	400.0	200	1 135.0/16	0.48	0.6	22.19	35.27	38.01
10	400.0	100	1 225.0/25	0.48	0.6	12.81	25.94	28.47
11	400.0	150	1 174.0/25	0.48	0.6	13.53	27.78	29.83
12	400.0	200	1 135.0/25	0.48	0.6	15.18	28.68	31.81

表 3-10　不同含泥量对砂性混凝土劈裂抗拉强度的影响

序号	水泥/(kg/m³)	矿粉/(kg/m³)	〔疏浚砂/(kg/m³)〕/（含泥量/%）	水胶比	外加剂掺量/%	劈裂抗拉强度/MPa		
						3 d	28 d	90 d
1	400.0	100	1 225.0/4	0.48	0.6	2.72	3.58	4.44
2	400.0	150	1 174.0/4	0.48	0.6	2.90	3.81	4.52
3	400.0	200	1 135.0/4	0.48	0.6	3.13	4.47	4.65
4	400.0	100	1 225.0/11	0.48	0.6	2.47	3.36	4.12
5	400.0	150	1 174.0/11	0.48	0.6	2.81	3.53	4.23
6	400.0	200	1 135.0/11	0.48	0.6	3.10	4.28	4.52
7	400.0	100	1 225.0/16	0.48	0.6	2.20	3.16	364
8	400.0	150	1 174.0/16	0.48	0.6	2.36	3.33	3.86
9	400.0	200	1 135.0/16	0.48	0.6	2.69	3.77	4.01
10	400.0	100	1 225.0/25	0.48	0.6	1.54	2.14	2.57
11	400.0	150	1 174.0/25	0.48	0.6	1.59	2.34	2.78
12	400.0	200	1 135.0/25	0.48	0.6	1.61	2.47	2.99

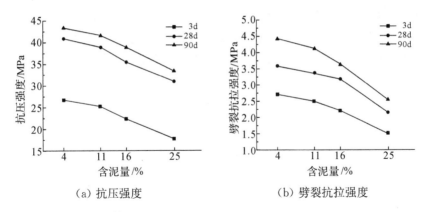

（a）抗压强度　　　　　　　　　（b）劈裂抗拉强度

图 3-13　矿粉掺量为 100 kg/m³ 时不同含泥量对试件力学性能的影响

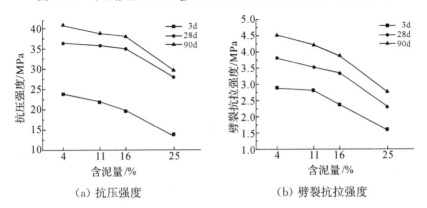

（a）抗压强度　　　　　　　　　（b）劈裂抗拉强度

图 3-14　矿粉掺量为 150 kg/m³ 时不同含泥量对试件力学性能的影响

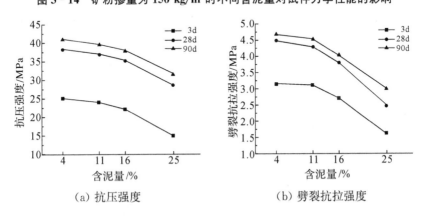

（a）抗压强度　　　　　　　　　（b）劈裂抗拉强度

图 3-15　矿粉掺量为 200 kg/m³ 时不同含泥量对试件力学性能的影响

由表 3-9、表 3-10 和图 3-13～图 3-15 可知,在相同含泥掺量下,随着矿粉掺量不断增加,试件 3 d、28 d、90 d 抗压强度及劈裂抗拉强度均有一定程度提高,但是随着龄期的增长,后期强度增长速率变缓,后期砂性混凝土强度未出现倒缩现象。如矿粉掺加量从 100 kg/m³ 增加到 150 kg/m³ 时,试件 3 d、28 d 和 90 d 抗压强度分别增加了 9.8%、6.9% 和 7.4%,试件 3 d、28 d 和 90 d 劈裂抗拉强度分别增加了 16.6%、6.3% 和 4.2%。在相同矿粉掺量下,随着含泥量增加,试件 3 d、28 d、90 d 抗压强度及劈裂抗拉强度均有不同程度的降低。如 25% 含泥量试件与 4% 含泥量试件强度进行比较,试件 3 d、28 d 和 90 d 抗压强度分别降低了 41.3%、25.4% 和 25.0%,试件 3 d、28 d 和 90 d 劈裂抗拉强度分别降低了 45.8%、41.4% 和 38.7%。

砂性混凝土强度与含泥量负相关,即试件的强度随含泥量的提高而降低,主要原因是泥的比表面积较大,吸附较多水泥浆,砂表层水泥浆减少。同时若部分泥土微粒包裹着砂粒,形成没有强度的薄膜层,在一定程度上使细骨料与水泥之间的黏结力降低,从而影响试件强度。黏土可以不同程度地降低水泥石本身及其跟骨料间的黏结强度。在骨料的表面上,如果存在黏土的附着情况,则使得骨料不能直接接触到水泥浆体,使得双方之间产生明显的滑动问题,最终对黏结强度构成严重的影响[108]。同时分散型的泥会影响浆体的硬化,如果产生这种问题,则会减小水泥石的强度等级。黏土可以让混凝土出现应力集中的问题,在混凝土的强度方面,黏土会产生一定的影响力[109]。黏土能够在混凝土中构建起薄弱区域部位,从而削弱混凝土工作性。黏土附着于骨料表面,可以吸走表面的拌和水,也能够把减水剂吸走,这样势必会减小混凝土坍落度,影响混凝土工作性。

耿长圣等人[110]研究了砂含泥量对混凝土工作性能、强度和碳化的影响,结果表明,混凝土的坍落度随着砂含泥量的增加而减小,并且经时损失显著,砂含泥量显著影响混凝土强度。含泥量增加,混凝土强度降低,若要达到相同的混凝土强度和工作性能,则水泥用量和用水量(或外加剂掺量)就需要增大,混凝土的成本提高。刘红霞等[111]研究发现混凝土 7 d 及 28 d 抗压强度影响因素的主次顺序是砂子含泥量、石子含泥量。对于 7 d 抗压强度来说,石子含泥量的影响不明显,但是砂子含泥量的影响很显著。他们的试验结果显示,在 0%～2.0% 范围内,含泥量对混凝土抗压强度的影响不明显,个别甚至略有升高,其原因可能是土起到微细集料的作用,从而提高了混凝土的强度。而当含泥量超过 5.0% 时,强度降幅明显。杨建军等[112]比较全面地研究了砂的含泥量对 C80 高性能混凝土性能的影响,所用黏土以高岭石为主。结果表明:混凝土强度随着砂含泥量的增加而下降,尤其是 28 d 立方体抗压强度和劈裂抗拉强度下降幅度较大。砂的含泥量大于 1.0% 时,混凝土 28 d 立方体抗压强度小于 80 MPa,达不到强度设计要求;砂的含泥量从 1.0% 增至 4.0%,混凝土 28 d 立方体抗压强度降低 20%,28 d 劈裂抗拉强度降低 37.5%。他们发现劈裂抗拉强度对含泥量更加敏感。对 C80 高性能混凝土,砂的含泥量对早期收缩有明显抑制作用。他们认为拌和时泥粉吸附了较多水分,这些水分在混凝土内部湿度降低的过程中缓慢释放,延迟了混凝土内部湿度的降低,因而可以抑制混凝土的收缩。李晓和陈志红[113]提出了将泥作为混凝土中有用成分的设想。为了加强黏土的分散性,将黏土预先分散在水中,然后再与水泥和砂搅拌。黏土量占水泥量的4%,占砂量的3%。结果表明,黏土的加入对28 d的抗折、抗压强度影响不大,甚至有一组的强度超过了基准砂浆的强度。

3.4 疏浚砂砂性混凝土物理及耐久性能

3.4.1 表观密度

对不同掺量矿粉和不同含泥量下的疏浚砂制备的试件进行表观密度检测,试验结果如图3-16所示。

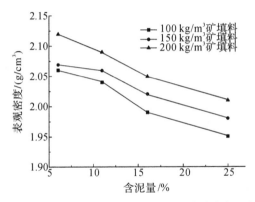

图3-16 不同矿粉掺量下不同含泥量试件的表观密度

结果表明,随着含泥量的增加,成型后的试样表观密度是逐渐减小的。在相同矿粉掺量下,11%、16%和25%含泥量试件表观密度较4%含泥量试件表观密度分别降低了1.41%、3.88%和4.85%。同时矿粉填料的增加提高了试件的表观密度。矿粉掺量越高,含泥量越少,试件整体表观密度越大。在相同疏浚砂含泥量条件下,150 kg/m³组和200 kg/m³组较之100 kg/m³组表观密度分别增加了1.02%和3.57%。这是因为淤泥降低骨料和水泥浆体之间的结合强度,从而使硬化水泥浆体中有较高的孔隙率。泥的存在阻碍了水泥石与集料之间的黏结,容易形成结构的薄弱区,使试样内部存在微孔隙。矿粉的增加有利于增加试样的密实度,从而表现为表观密度的增加,从一定程度上改善了新型细粒混凝土的力学性能。

3.4.2 流动度、凝结时间和泌水性

表 3-11 为砂性混凝土的流动度、凝结时间和泌水性试验检测结果。

表 3-11 砂性混凝土流动度、凝结时间和泌水性

序号	水泥/ (kg/m³)	矿粉/ (kg/m³)	粉煤灰/ (kg/m³)	[疏浚砂/ (kg/m³)] (含泥量/%)	水胶比	减水剂 掺量/ %	3 d流 动度/ mm	凝结时间/h		泌水 率/%
								初凝	终凝	
1	400.0	150	—	1 147.5/4	0.48	0.6	124	2.55	6.50	3.1
2	400.0	150	—	1 147.5/25	0.48	0.6	116	2.35	6.10	3.4
3	400.0	—	150	1 147.5/4	0.48	0.6	132	2.30	5.50	2.6
4	400.0	—	150	1 147.5/25	0.48	0.6	125	2.21	5.30	2.4

由于矿粉比表面积较水泥更大,且其颗粒主要为多角形玻璃体,矿粉与水泥之间的接触面积更大,造成颗粒之间内部摩擦相对更高,所以加入矿粉后混凝土拌和物和易性相对较差。但粉煤灰主要为球状颗粒,与水泥颗粒之间可以形成良好的颗粒级配,且颗粒之间的内部摩擦较加入矿粉后更低,因此其拌和物和易性更好,流动度更高。含泥 25% 砂样,掺加 30% 粉煤灰较之掺加 30% 矿粉的试样初始流动度提高 7.8%。石建明[114]采用含泥量为 1.0%、3.0%、5.0%、7.0% 的砂样,研究了对新拌混凝土工作性能及混凝土强度的影响,结果表明新拌混凝土的初始坍落度随着砂中含泥量的增大而减小,而坍落度的 1 h 经时损失随着砂含泥量的增大而增大。在砂的含泥量低于 4.0% 的情况下,含泥量对工作性能的影响并不是很明显,能满足生产要求;当砂的含泥量高于 4.0% 时,含泥量对新拌混凝土的初始坍落度及坍落度的1 h 经时损失的影响更加显著,工作性能已不能满足生产需要。混凝土的强度已经不能满足设计要求,并且强度降低趋势更加显著。

泌水率指泌水量与混凝土拌和物的用水量之比,是反映新拌混凝土保水性好坏的重要指标。与含泥 25% 砂样相比,含泥量少的砂样泌水性降低,说明其保水性和工作性更好。掺入外加剂后,对砂浆的凝结时间有明显影响。含泥量增加对泌水率有不良影响,与4% 含泥量砂样试件相比,掺加矿粉料含泥量为 25% 的砂样试件的泌水率提高了 9.7%。

3.4.3 抗侵蚀性和抗冲磨性能

通过试验探讨砂性混凝土抗侵蚀性和抗冲磨性,采用 PO42.5 级水泥,固定掺

量为 400 kg/m³,填料掺量为 150 kg/m³,水胶比为 0.48,定期洒水养护。将定期洒水养护的 6 个试件中的 3 个放入水中浸泡 3 d 后,测定其抗压强度,即为抗侵蚀强度。砂性混凝土抗侵蚀性和抗冲磨性能如表 3-12 所示。

表 3-12　砂性混凝土抗侵蚀性和抗冲磨性能

| 砂样 | 养护方式 | 抗侵蚀强度/MPa | | 软化系数 | | 抗冲磨性能 | |
		28 d 抗压强度/浸水强度	180 d 抗压强度/浸水强度	28 d	180 d	28 d 抗冲磨强度/[h/(kg/m²)]	28 d 质量损失率/%
25%含泥量	定期洒水养护	26.7/25.0	27.5/24.7	0.94	0.90	9.5	10.5
	标准养护	28.8/27.9	29.5/28.0	0.97	0.95	—	—
4%含泥量	定期洒水养护	35.1/34.1	35.6/33.5	0.97	0.94	12.5	8.4
	标准养护	37.2/36.8	38.6/37.0	0.98	0.96	—	—

从表 3-12 中可以看出,砂性混凝土具有较好的抗水侵蚀性,含泥量分别为 25% 和 4% 的砂样试件标准养护后的抗侵蚀强度分别为 27.9 MPa 和 36.8 MPa,软化系数分别为 0.97 和 0.98。含泥 25% 砂样试件标准养护 28 d 后的抗冲磨强度和质量损失率分别为 9.5 h/(kg/m²) 和 10.5%。含泥 4% 砂样试件的抗冲磨强度和质量损失率分别为 12.5 h/(kg/m²) 和 8.4%。说明含泥量高对砂浆的抗冲磨性能有不良影响。图 3-17 和图 3-18 分别展示了砂性混凝土的不同养护方式和其抗冲磨后的外观。

（a）定期洒水养护

（b）浸水养护

图 3-17　砂性混凝土不同养护方式

图 3-18　砂性混凝土抗冲磨后外观

3.5　本章小结

本章的研究主要针对典型疏浚砂河段的疏浚砂(含泥量为 4％,细度模数为 0.3),根据疏浚砂样品的含泥量、粒径设计配合比。本章通过试验分析了不同含泥量的疏浚砂和不同填料质量对新型砂性混凝土状态及强度的影响,得出了砂石含泥量不同和填料质量不同对混凝土状态及强度影响的规律,具体为:

(1) 在相同粉煤灰掺量下,随着水胶比不断降低,试件 3 d、28 d、90 d 抗压强度及劈裂抗拉强度均有所提高,如水胶比从 0.54 降到 0.50 时,试件 3 d、28 d 和 90 d 抗压强度分别增加了 11.3％、7.8％和 6.8％,试件 3 d、28 d 和 90 d 劈裂抗拉强度分别增加了 6.3％、9.7％和 8.9％。在相同水胶比情况下,随着粉煤灰用量的增加,试件 3 d、28 d、90 d 抗压强度及劈裂抗拉强度均有所提高。如粉煤灰掺加量从 100 kg/m³ 增加到 150 kg/m³ 时,试件 3 d、28 d 和 90 d 抗压强度分别增加了 12.0％、14.0％和 15.7％。在相同矿粉掺量下,随着水胶比不断降低,试件 3 d、28 d、90 d 抗压强度及劈裂抗拉强度均有所提高。水胶比从 0.54 降到 0.50 时,试件 3 d、28 d 和 90 d 抗压强度分别增加了 17.7％、8.7％和 9.2％,试件 3 d、28 d 和 90 d 劈裂抗拉强度分别增加了 8.7％、7.1％ 和 5.8％,在相同水胶比情况下,随着矿粉用量的增加,试件 3 d、28 d、90 d 抗压强度及劈裂抗拉强度均有所提高。如矿粉掺加量从 150 kg/m³ 增加到 200 kg/m³ 时,试件 3 d、28 d 和 90 d 抗压强度分别增加了 9.3％、6.0％和 3.5％,试件 3 d、28 d 和 90 d 劈裂抗拉强度分别增加了 7.7％、1.3％和 0.5％。

在相同填料掺量下,水胶比从 0.54 降到 0.50,试件 28 d 抗压强度最高增加了 17.0％,但是水灰比从 0.50 降到 0.46 时,强度增加不明显,因此水胶比在 0.46～0.50 之间选取较为合理,最终选取水胶比为 0.48,为后续试验提供指导。

(2) 相同水泥掺量下,如粉煤灰掺加量从 150 kg/m³ 增加到 200 kg/m³ 时,试件 3 d、28 d 和 90 d 抗压强度分别增加了 7.1％、5.6％和 5.0％,试件 3 d、28 d 和 90 d 劈裂抗拉强度分别增加了 0.1％、10.3％和 4.3％。在相同粉煤灰掺量下,随着水泥用量的增加,试件 3 d、28 d、90 d 抗压强度及劈裂抗拉强度均有所提高。水泥掺加量从 360 kg/m³ 增加到 400 kg/m³ 时,试件 3 d、28 d 和 90 d 抗压强度分别增加了 13.5％、26.3％和 23.8％,试件 3 d、28 d 和 90 d 劈裂抗拉强度分别增加了 17.3％、10.3％和 16.7％。相同水泥掺量下,矿粉掺加量从 100 kg/m³ 增加到 150 kg/m³ 时,试件 3 d、28 d 和 90 d 抗压强度分别增加了 7.8％、10.6％和 11.6％,试件 3 d、28 d 和 90 d 劈裂抗拉强度分别增加了 9.3％、1.5％和 2.4％。在相同矿粉掺量下,随着水泥用量的增加,试件 3 d、28 d、90 d 抗压强度及劈裂抗拉强度大体呈现上升态势。如水泥掺加量从 400 kg/m³ 增加到 440 kg/m³ 时,试件 3 d、28 d 和 90 d 抗压强度分别增加了 7.3％、5.5％和 4.6％,试件 3 d、28 d 和 90 d 劈裂抗拉强度分别增加了 7.5％、3.2％和 3.5％。水泥掺量在 400 kg/m³ 时较为合理,对于矿粉和粉煤灰来说,150 kg/m³ 的掺量为该砂性混凝土的合理掺量。

(3) 在相同含泥掺量下,随着矿粉掺量的不断增加,试件 3 d、28 d、90 d 抗压强度及劈裂抗拉强度均有一定程度的提高,但是随着龄期的增长,后期强度增长速率变缓,后期砂性混凝土强度未出现倒缩现象。如矿粉掺加量从 100 kg/m³ 增加到 150 kg/m³ 时,试件 3 d、28 d 和 90 d 抗压强度分别增加了 9.8％、6.9％和 7.4％,试件 3 d、28 d 和 90 d 劈裂抗拉强度分别增加了 16.6％、6.3％和 4.2％。在相同矿粉掺量下,随着含泥量增加,试件 3 d、28 d、90 d 抗压强度及劈裂抗拉强度均有不同程度的降低。将 25％含泥量试件与 4％含泥量试件强度进行比较,试件 3 d、28 d 和 90 d 抗压强度分别降低了 41.3％、25.4％和 25.0％,试件 3 d、28 d 和 90 d 劈裂抗拉强度分别降低了 45.8％、41.4％和 38.7％。砂性混凝土强度与含泥量负相关,即试件的强度随含泥量的提高而降低。

(4) 随着含泥量的增加,成型后的试样表观密度是逐渐减少的。在相同矿粉掺量下,11％、16％和 25％含泥量试件表观密度较之 4％含泥量试件的分别降低了 1.41％、3.88％和 4.85％。随着含泥量的增加,试样的抗侵蚀强度和抗冲磨性能都有一定降低,28 d 浸水强度下降了 26.7％,质量损失率增加了 25％。含泥量增加对泌水率有不良影响,与 4％含泥量砂样试件相比,含泥 25％砂样试件的泌水率提高 9.7％。4％含泥量砂样试件在定期洒水养护下的 180 d 和 28 d 软化系数分别为 0.94 和 0.97。含泥量高对试样的耐久性能有着不利影响。

4 砂性混凝土组成设计原则与方法

4.1 微观分析及优化研究

4.1.1 微观机理分析

砂性混凝土经混合搅拌、振动成型后,其水化反应的基本过程如下:

首先,水泥中的主要熟料硅酸三钙、硅酸二钙、铝酸三钙及铁铝酸钙与水发生反应,生成水化硅酸钙、水化硫铝酸钙以及水化铁酸钙和氢氧化钙,其化学反应方程式如下:

$$3CaO \cdot SiO_2 + nH_2O \longrightarrow xCaO \cdot SiO_2 \cdot yH_2O + (3-x)Ca(OH)_2 \quad (4-1)$$

$$2CaO \cdot SiO_2 + nH_2O \longrightarrow xCaO \cdot SiO_2 \cdot yH_2O + (2-x)Ca(OH)_2 \quad (4-2)$$

$$4CaO \cdot Al_2O_3 \cdot Fe_2O_3 + 7H_2O \longrightarrow 3CaO \cdot Al_2O_3 \cdot 6H_2O + CaO \cdot Fe_2O_3 \cdot H_2O$$
$$(4-3)$$

在饱和 $Ca(OH)_2$ 溶液中,C_3A 发生如下反应:

$$3CaO \cdot Al_2O_3 + Ca(OH)_2 + 12H_2O \longrightarrow 4CaO \cdot Al_2O_3 \cdot 13H_2O \quad (4-4)$$

在 $Ca(OH)_2$ 开始形成并达到一定浓度后,粉煤灰或矿粉中活性 SiO_2 和 Al_2O_3 能与 $Ca(OH)_2$ 作用,生成水化硅酸钙和铝酸钙凝胶,见式(4-5)和式(4-6):

$$Ca(OH)_2 + SiO_2 + nH_2O \longrightarrow CaO \cdot SiO_2 \cdot (n+1)H_2O \quad (4-5)$$

$$Ca(OH)_2 + Al_2O_3 + nH_2O \longrightarrow CaO \cdot Al_2O_3 \cdot (n+1)H_2O \quad (4-6)$$

水化生成的水化硅酸钙、水化铁酸钙凝胶以及氢氧化钙、水化铝酸钙和水化硫铝酸钙等晶体将疏浚砂颗粒胶结在一起,形成密实的三维空间网络,使水泥石结构更致密,并有效促进水泥基材料强度的增长。

4.1.2 微观形貌分析

扫描电镜(SEM)是分析水泥基材料微观结构的有效方法。为了研究砂性混凝土的微观结构,利用扫描电镜对水泥基材料进行了微观结构分析。得到采用含泥量为 4% 的疏浚砂、水灰比为 0.48、粉煤灰和矿粉掺量分别为 150 kg/m³ 的砂性混凝土试件 BF 和 BK 的养护龄期为 3 d 和 28 d 的电镜照片,如图 4-1 所示。

(a) 3 d　BF　　　　　　　　　　(b) 28 d　BF

(c) 3 d　BK　　　　　　　　　　(d) 28 d　BK

图 4-1　砂性混凝土扫描电镜分析

从图中可知,基质中含有水化硅酸钙(C-S-H)凝胶、氢氧化钙(C-H)、钙矾石(Ettringite)等各种水合物产物,揭示了基质中各种胶凝化合物的存在,验证了胶凝化合物的形成。这些水合化合物对强度发展有显著影响。7 d 龄期的时候,片状 C-H、棉花状 C-S-H 凝胶和针状钙矾石相互交织重叠,形成稳定的糊状物结构。水化产物使试件更加致密,性能显著提高。在 28 天龄期时,孔隙内充满针状的钙矾石和 C-S-H 凝胶,逐渐弥补了混凝土的结构缺陷。与早期的试样相比,结构的密度增大,表明试样的强度增大,矿粉、粉煤灰等活性填料能有效消耗水泥基质中的 C-H 水化合物,水化程度较高,产生致密的内部微观结构,孔隙率较小。这可能是通过在有水条件下产生额外的 C-S-H 来实现的。

从图 4-1 的 SEM 图像可以看出,矿粉对微观结构强度的影响明显大于粉煤灰。矿粉掺和料在试样中的水化程度较高,SEM 观察结果表明,这可能是矿粉具有较高的火山灰活性的结果。含粉煤灰掺和料的水泥基材料不那么密实,并显示出被相当数量的氢氧化钙覆盖。相反,使用矿粉掺和料的水泥基材料中,基质更致密,特别是在后期,并且表现出片状且相对有序的晶体。材料的力学强度与混凝土的密实度有关,也与水化产物的性质和形态有关。

4.1.3 孔隙大小分布和孔隙度

孔的结构对混凝土物理性能起最主要影响,提高水泥硬化浆体中的孔结构的合理性是制备高性能混凝土的重要步骤。本研究中,主要是通过改善水泥与骨料粒径级配结构来得到性能更优的砂性混凝土。

一般情况下,混凝土的水灰比是影响孔隙率的最主要因素。当水灰比增大时,孔隙率会相应增大,浆体强度性能随之降低,耐久性能下降。掺入高效减水剂可以有效减小水灰比,从而降低浆体的孔隙率。高效减水剂正常情况下仅可以降低浆体总的孔隙率,不可以优化孔隙的分布。掺加矿物粉末细掺料却可以减少或者除去硬化水泥浆体中的危害孔,同时增强孔分布的均匀性,有效改善孔分布情况,从本质上改变混凝土的性能。综上,本研究主要通过以下两个方式来改善水泥硬化浆体的微观结构和孔隙率,以此达到形成高性能矿物粉末混凝土的目的:(1) 使用与胶凝材料(主要是水泥和矿粉)相容性良好的高效减水剂,从而降低原始水胶比;(2) 在混凝土体系中引入一定量的矿粉、粉煤灰等活性粉末细填料,通过它们对混凝土体系的静态物理填充和动态火山灰反应,更进一步缩减浆体的孔隙率,改善其微观结构和孔结构。

水泥基材料的孔隙结构是从本质上影响其力学行为的最重要特征之一。一般根据孔径 d 的大小可将孔隙分为四个层次:小毛细血管孔隙($d \leqslant 10$ nm)、中等毛细血管孔隙(10 nm$< d \leqslant 100$ nm)、大毛细血管孔隙(100 nm$< d \leqslant 1\ 000$ nm)、孔隙($d > 1\ 000$ nm)[115]。在定量方面,毛细管孔隙与水泥基材料最为相关,并在决定其力学性能和耐久性方面起着重要作用。在本研究中,对 BF 和 BK 试样在养护 3 d 和 28 d 后孔径小于 1 000 nm 的孔隙结构进行了讨论,如表 4-1 所示。

表 4-1　砂性混凝土孔结构分布

序号	龄期/d	孔尺寸分布/%				总孔体积/(cm³/g)	总孔隙率/(cm³/cm³)
		≤10 nm	>10~100 nm	>100~1 000 nm	>1 000 nm		
BF	3	6.21	39.23	35.44	80.88	0.051 3	0.103 1
BK	3	7.23	41.22	34.24	82.69	0.046 5	0.096 7
BF	28	11.38	46.02	30.40	87.80	0.039 5	0.079 4
BK	28	13.54	48.68	27.46	89.68	0.034 8	0.072 4

4.2 超细砂混凝土配合比设计原则及方法

根据《建筑用砂》(GB/T 14684—2022),混凝土用砂分为粗砂、中砂、细砂和特细砂,其中细砂细度模数为1.6~2.2,细度模数在0.7~1.5之间的为特细砂,而对于细度模数小于0.7的砂则称为超细砂(或者称为粉砂)。长江中下游疏浚砂细度模数为0.1~0.5,是一种类似面粉一样的超细砂。

根据对特细砂混凝土有关性能的试验研究,发现采用"三低一超"法更符合超细砂混凝土的特性,有利于解决特细砂对混凝土强度影响大、混凝土收缩量大和易开裂等缺点。所谓"三低一超"就是指低砂率、低坍落度、低水泥用量和粉煤灰等矿物掺和料的超量取代。

1) 低砂率

低砂率(砂的质量占混凝土中砂、石总质量的百分率)是指砂率控制在30%左右。低砂率是相对于采用常规混凝土配合比设计方法计算的砂率而言的,超细砂混凝土采用较低砂率。超细砂砂率是影响超细砂混凝土性能的主要因素,因为它对混凝土用水量、水泥用量和收缩量会产生很大的影响,因此,超细砂混凝土配合比设计时宜采用较低砂率。在实践中,计算超细砂砂率时不考虑浆体的富余系数,而采用比计算值小2%~3%的砂率来配制混凝土,以粉煤灰的超量取代来改善低砂率超细砂混凝土的和易性,这样可以显著降低混凝土单位水量和改善混凝土和易性。这是区别于常规混凝土配合比设计的重要的一点。

特、超细砂混凝土适用低砂率的原理可从以下两种途径解释:

(1) 骨料的排列从物理力学观点的几何图形出发。颗粒的排列应该是最紧密的,每个颗粒的位置应该最安定而且位能减至最小;在大小颗粒密度相差不大的情况下,受颗粒分布概率的支配,骨料中大小颗粒处于互相均匀交错位置,颗粒排列是否紧密主要取决于粒径计算。

(2) 从水泥浆膜厚度解释特细砂混凝土的低砂率。混凝土可视为由水泥砂浆包裹石子表面填充石子空隙组成的统一体。而砂浆则可理解为由水泥部分包裹砂子表面,部分填充砂子空隙组成的体系,它是混凝土产生结构作用的基本部分。通过显微镜观察,发现在砂粒四周有一层扩散结构的水泥胶体薄膜,薄膜中所含水分呈不均匀分布,从骨料到薄膜四周水分含量递增,而水泥胶体的黏度则随之递减。砂粒间的距离减小,砂浆的强度和密实度不断提高。

冯乃谦还指出水泥浆膜厚度 t 与水泥砂浆也存在一定的关系,浆膜厚度按下式计算:

$$t=(V_p-V_s)/S \tag{4-7}$$

式中：V_p——水泥浆量；

$\quad\quad V_s$——沙子振实后的孔隙体积；

$\quad\quad S$——沙子总表面积。

砂浆强度 f_m 与水泥浆膜厚度 t 的关系式为：

$$f_m=52.1-238/t \tag{4-8}$$

由于超细砂砂粒小，砂浆包裹厚度 t 相对薄一些，在石子粒径和空隙率一定的情况下，石子用量增大一些，砂浆用量则减小一些，这样可以使骨架坚强，节约水泥，减少收缩。总的来说，超细砂混凝土必须采用较少的砂浆，而砂浆中为保证足够的水泥浆膜厚度又须用较少的砂子，故超细砂混凝土必须采用低砂率。

2）低坍落度

低坍落度指的是超细砂水工大体积混凝土需采用低坍度施工，一般不超过 3 cm，施工中一般采用 1~2 cm 坍落度。新编《水工混凝土规范》(DL/T 5144—2015)也规定大体积等混凝土宜采用 1~3 cm 坍落度施工。这主要是从降低混凝土水化热角度出发的，也利于机械化作用。试验中发现，超细砂混凝土坍落度每提高 2 cm，约增加用水量 10 kg，增加胶材 15~20 kg，对混凝土温控不利。超细砂水工大体积采用低坍落度施工具有必要性。

3）低水泥量

在采用低砂率、低坍落度配制超细砂水工大体积混凝土的同时，还应考虑合适的水泥用量，这主要也是考虑混凝土水化热问题。降低水泥用量、减小水化热的主要方法有：(1)采用复合型缓凝高效减水剂以降低混凝土单位用水量和水化热峰值；(2)采用高掺粉煤灰等掺和料。

4）粉煤灰超量取代

将粉煤灰掺入混凝土，不仅可以替代部分水泥，节约水泥的用量，降低混凝土的成本，保护环境，而且能与 $Ca(OH)_2$ 等碱性物质发生化学反应，生成胶凝物质，这样可以增大混凝土的强度，并且粉煤灰混凝土最大的优势在于它具有显著的技术性和经济性。

当采用低砂率、低水泥用量时，混凝土和易性会受到影响。为了改善混凝土和易性可采用粉煤灰超量取代法。超量系数的选取有两个条件：(1)采取超掺系数法后，胶材中粉煤灰的含量不宜超过 50%；(2)使混凝土达到优良和易性。

5）采用高效减水剂

采用高效减水剂可保证在坍落度基本不变的前提下大幅降低用水量。采用水胶比不变，降低水泥用量，掺加超细矿物掺和料矿粉、粉煤灰和石灰石粉等方法。

4.3 砂性混凝土组成设计原则及方法

4.3.1 混凝土配合比设计相关理论

吴中伟院士[116]提出了混凝土配合比设计具有"四项主要法则":水灰比、混凝土的密实体积、单位加水量和单位水泥用量。为提高混凝土的密实程度,在混凝土结构组成中,采用碎石等粗骨料作为混凝土结构的骨架,而砂等细骨料则填充粗骨料颗粒之间的孔隙,水泥浆体则用于填充粗骨料和细骨料之间的空隙并包裹在骨料表面,减少表面摩阻力,从而保证混凝土有很好的工作性能。因此混凝土的总体积应该为水、胶凝材料和骨料的密实体积之和,而采用绝对体积法进行混凝土配合比设计时认为混凝土的总体积等于所有原材料的体积与孔隙中空气的体积之和。因此在混凝土的具体配合比设计过程中,既要考虑到混凝土的密实体积,也要兼顾混凝土结构中存在的气体的体积。

Fuller[117]研究得到了骨料最大密实度曲线并提出了混凝土最大密实度的概念,粒径不同的颗粒以一定的比例进行混合时可以得到具有最大密实度的混合物料体系,因此通过改善混合体系的颗粒级配和粒径分布可以有效地提高骨料体系的密实度,从而提高水泥基材料的强度。Larrard等[118]研究发现原材料的颗粒体系的堆积密度在一定程度上决定了水泥基材料的力学性能,其能否具有很好的力学性能的关键在于原材料的颗粒体系是否具有最大的堆积密度。唐明等[119]则提出了具有分形几何特征的水泥基粉体颗粒群密集效应模型来评价高性能混凝土粉体颗粒体系密集效应,确定最紧密堆积规律。

唐明述[120]研究发现,当水泥基材料的原材料颗粒体系达到致密堆积状态时更容易制备出高强度的混凝土结构。有研究人员利用矿物填料的填充效应使得胶凝材料和骨料形成致密堆积并增大了混凝土的强度,尤其是混凝土早龄期的强度值[121]。部分科研学者还采用紧密堆积理论来制备掺有矿物粉末填料的超高强水泥基材料[122]。

Powers[123]提出了胶空比理论来展示水泥基材料的强度与其内部孔隙结构之间的关系。混凝土中的孔结构和总体的孔隙率由水灰比决定,而混凝土的强度则由孔结构的饱和程度决定。混凝土的强度一般由它的亚微观结构决定,因此减小孔隙率可以显著地增强混凝土的强度[124]。当混凝土内部孔隙率相同时,孔隙的平均孔径越小则混凝土的强度越高。而在孔隙率对混凝土强度起决定性的影响的同时,孔径大小、孔在结构中的分布状况、孔的形状和取向等孔隙的结构和分布状况也会影响混凝土的强度。吴中伟院士[125]根据孔径大小对混凝土强度的影响程度大小把孔划分为:无害孔(孔径<20 nm)、少害孔(孔径在 20~100 nm 之间)、有害孔(孔径在 100~200 nm 之间)与多害孔(孔径>200 nm)。因此减小孔隙率,减少多害孔和有害孔,便可以得到较高的强度与密实度。孔隙率、孔径级配、孔的形状与孔分布等被称为混凝土的孔隙结构,它会影响混凝土强度与密实度,并且对耐久性能也有重要影响,合理的孔结构需要达到低孔隙率、小孔径与适当的级配、圆形孔数目多等条件,这是混凝土获得高强度与好的耐久性能的关键[126]。

综上所述,要制备强度较高的高性能混凝土,关键在于能够达到最大密实度,混合物颗粒体系能达到最佳的堆积状态。同时,混凝土结构的孔隙率和孔结构对于混凝土的力学性能也有很大的影响,因此有必要考虑改善混凝土内部的孔隙结构。本研究主要通过改善混合物颗粒级配体系来使得混凝土达到最大密实度,即考虑矿物填料和水泥颗粒的填充作用,使混合物颗粒体系达到最大堆积密度,同时使用高效减水剂等外加剂,提高混凝土工作性能并降低水灰比和水泥掺量,更进一步缩减浆体的孔隙率,改善其微观结构和孔结构,制备出强度较高的细粒式混凝土结构。

4.3.2 致密堆积混凝土配合比设计

致密堆积混凝土设计中最基本的步骤是为了使混合物达到最佳的颗粒级配状态,即空隙率最小,混合物的堆积密度达到最大值。当混合物达到最大堆积密度时认为混合物达到最合理的颗粒级配状态。具体进行配合比设计时,根据致密堆积理论,将混凝土混合试样分成骨料和水泥浆体两种体系。先从骨料体系出发,用矿物填料来填充细骨料之间的空隙并使混凝土达到致密堆积状态,得到最大的堆积密度和对应的填塞系数,从而得到混合料的空隙体积。再通过选取适宜的水泥浆体富裕系数 n 确定水泥浆体的体积,然后通过计算得到不同物质的质量并确定混凝土的配合比。具体计算方法如下所示:

按照四分法进行取样,将砂、矿物填料混合并搅拌均匀,固定砂子用量,改变矿物填料掺量,测定干混合物的致密堆积密度,得到不同矿物填料掺量下混合物的堆积密度,并得到最大堆积密度对应的填塞系数,填塞系数由式(4-9)计算得出:

$$\alpha = \frac{M_f}{M_s + M_f} \qquad (4-9)$$

式中:α——矿物填料填充砂的填塞系数;

M_f——矿物填料的质量;

M_s——砂的质量。

矿物填料的质量 M_f 按式(4-10)计算:

$$M_f = \frac{\alpha}{1-\alpha} M_s \qquad (4-10)$$

砂子与矿物填料混合物总体积 V_t 按式(4-11)计算：

$$V_t = V_f + V_s = \frac{M_f}{\rho_f} + \frac{M_s}{\rho_s} \qquad (4-11)$$

式中：ρ_f——矿物填料表观密度(kg/m^3)；

$\quad\ \ \rho_s$——砂子表观密度(kg/m^3)。

矿物填料与砂达到致密堆积状态后颗粒之间的空隙体积 V_v 按式(4-12)计算：

$$V_v = 1 - V_t \qquad (4-12)$$

单位体积内的水泥浆体的体积 V_p 根据式(4-13)进行计算：

$$V_p = n \times V_v \qquad (4-13)$$

式中：n——浆体富裕系数，一般为了保证流动性，n 通常取不小于1的数。

混合物体积为 $V_t = 1 - V_p$，将其代入式(4-11)，得到砂与矿物填料质量如式(4-14)和式(4-15)所示：

$$M_s = \frac{1 - V_p}{\dfrac{1}{\rho_s} + \dfrac{\alpha}{1-\alpha} \times \dfrac{1}{\rho_f}} \qquad (4-14)$$

$$M_f = \frac{\alpha}{1-\alpha} \times \frac{1 - V_p}{\dfrac{1}{\rho_s} + \dfrac{\alpha}{1-\alpha} \times \dfrac{1}{\rho_f}} \qquad (4-15)$$

单位体积内水泥浆体的体积为：

$$V_p = V_c + V_w$$

水胶比 $\lambda = \dfrac{M_w}{B} = \dfrac{M_w}{M_c + M_f}$

$$M_w = \lambda \times (M_c + M_f) \qquad (4-16)$$

$$V_p = \frac{M_c}{\rho_c} + \frac{M_w}{\rho_w} = \frac{M_c}{\rho_c} + \frac{\lambda \times (M_c + M_f)}{\rho_w} \qquad (4-17)$$

则水泥的质量为：

$$M_c = \frac{V_p - \dfrac{\lambda M_f}{\rho_w}}{\dfrac{1}{\rho_c} + \dfrac{\lambda}{\rho_w}}$$ (4-18)

最后根据减水剂掺量百分比求得减水剂掺量。该方法根据致密堆积理论进行配合比设计:首先固定砂子的用量,改变矿物填料掺量,通过测定添加了不同掺量矿物填料的砂-填料混合物的堆积密度确定混合物的最大堆积密度和对应的矿物粉末填塞系数,得到矿物填料的最佳掺量;然后得到混合物的孔隙体积,利用水泥浆体富裕系数确定水泥浆体的体积,并反推得到砂子和矿物填料的用量;最后根据确定的水胶比和减水剂掺量百分比得到减水剂掺量。

4.3.3 砂性混凝土配合比设计相关研究

目前关于砂性混凝土的配合比设计没有统一定性的方法,本研究从最大密实度(即砂性混凝土原料的颗粒级配体系达到最佳状态)的角度对砂性混凝土的配合比进行设计。首先综合国内外对于干混试样的堆积密度的试验测定方法提出砂性混凝土干混试样的振实堆积密度测定方法,来测定添加不同填料的干混试样的堆积密度,根据堆积密度试验结果得到矿物填料的掺量和水泥的掺量。然后根据颗粒最佳堆积状态下混凝土配合比的理论计算方法来对砂性混凝土进行具体的配合比设计。

1) 干混试样堆积密度测定试验方法

砂性混凝土的力学性能与干混试样的密实度密切相关,而加入矿物填料可以增大干混试样的密实度。要使砂性混凝土获得尽可能高的力学强度,就要确定混合物对应的最优颗粒骨架。因此本研究从使得混合料堆积密度最大(即使干混试样达到最大密实状态)的角度来对砂性混凝土的配合比进行设计。

目前水泥混凝土领域没有关于干混物料堆积密度的检测方法。一般粉末产品的振实密度根据《粉末产品振实密度测定通用方法》(GB/T 21354—2008)中混合物料的振实密度的试验方法进行测定,具体试验方法如下:用毛刷清洗玻璃量筒,如果需要也可以用溶剂(如丙酮)清洗,如果使用了溶剂,再次使用量筒前要彻底洗刷,使用前量筒必须干燥;用天平按照规定的取样量称样,精确至0.1 g;随后将混合试样置于量筒中,然后将量筒放置在振实仪器上,振击量筒直至试样体积不再减少,当没有振实仪器时,也可以直接将量筒放在橡胶垫上持续振实直到混合物试样的体积不再减少,注意在振实过程中幅度不宜过大以防止表层松动;读取经过振实后的混合物料的体积,如果物料表面不平,则选取物料表面最高点和最低点的平均值作为物料的体积,具体的粉末振实密度可按式(4-19)进行计算:

$$\rho = m/V \qquad\qquad (4-19)$$

式中：ρ——振实密度的数值,单位为克每立方厘米(g/cm³);

  m——试样的质量数值,单位为克(g);

  V——振实后的试样体积的数值,单位为立方厘米(cm³)。

对于水工混凝土结构中采用的砂石料而言,其天然状态下堆积密度根据《水工混凝土试验规程》(SL/T 352—2020)测定,具体试验方法为:称取实验砂样 10 kg 并烘烤直到质量不发生变化,取出试样冷却到室温,并将其均匀分成两份;测定空量筒的质量 G_1;把砂装入漏斗中,然后打开漏斗阀门,使砂样从漏斗口落入量筒中,持续添加砂样直到装满量筒并超出量筒口为止;用直尺沿量筒的筒口中心线向两侧方向轻轻刮平,使试样的表面与量筒筒口表面平齐,然后称取试样和量筒的总质量 G_2。对量筒体积进行校正的方法为:先称取空容量筒和玻璃板的总质量 W_1,然后用自来水装满容量筒,用玻璃板沿筒口推移使其紧贴水面,盖住筒口(玻璃板和水面间不得带有气泡),擦干量筒外壁的水,然后称其质量 W_2。计算容量筒的容积:

$$V = 1\,000(W_2 - W_1)/\rho$$

式中：ρ——纯水密度,取 998.2 kg/m³;

  W_1——容量筒和玻璃板的总质量;

  W_2——容量筒、玻璃板和水的总质量。

重复两次实验并用两次测定结果的平均值作为最终的堆积密度值:

$$\rho_0 = \frac{G_2 - G_1}{V} \times 1\,000 \qquad\qquad (4-20)$$

式中：ρ_0——为天然状态下堆积密度(kg/m³);

  G_1——容量筒质量(kg);

  G_2——容量筒及砂样总质量(kg);

  V——容量筒的容积(L)。

为了使干混合物达到最大密实度从而形成致密堆积,一般要经振实后再进行堆积密度的测定。水工混凝土结构中采用的振实状态下砂石料的堆积密度的测定根据《水工混凝土试验规程》(SL/T 352—2020)进行,试验方法如下:用铁铲把饱和面干砂样放置并固定在振动台上,然后将透明塑料压板、滑杆连同配重砝码(质量 7.75 kg)一起置于砂料表面。松开滑杆,使压板端正地压于砂料表面上;开动振动台,同时按动秒表计时,振动 40 s 后取下容量筒,用直尺从筒口中心线向两侧方向刮平砂样,称容量筒及砂样总质量 G_2;测定量筒容积 V 及量筒质量 G_1;重复两次实验并用两次测定结果的平均值作为最终的堆积密度值:

$$\rho_s = \frac{G_2 - G_1}{V} \times 1\ 000 \tag{4-21}$$

式中：ρ_s——为振实后堆积密度（kg/m³）；

G_1——容量筒质量（kg）；

G_2——容量筒及砂样总质量（kg）；

V——容量筒的容积（L）。

国际上 Li 等人[127]研究分析了在干混和湿混条件下混凝土的堆积密度。对于干混试样，Li 等人采用了英国骨料规范 *British Standard BS 812 - 2：1995*[128]中规定的方法测定了致密和非致密条件下试样的堆积密度，将混凝土混合试样加入金属容器中，通过测定容器的总质量和总体积的比值来确定试样的堆积密度。为了进行对照，取相同的试样分别测定它们在振实状态下的堆积密度和未经振实时的堆积密度。对于振实后的堆积密度采用以下方法进行测定：将混合试样分成三等分，依次将每份试样加入容器中并在每次加入试样后用金属振捣棒振捣 20 次，对混凝土试样进行振实压实，最后通过计算总体质量与体积的比值来确定试样的振实堆积密度。同时 Li 等人将试验分为两部分，在干混状态下对于只添加了水泥的试样分别测定了振实和非振实两种状态下的堆积密度来考虑振实对于堆积密度的影响，而对于添加了粉煤灰和硅灰等填料的混合试样只测定了非振实状态下的堆积密度来分析多种胶凝材料混合对混凝土试样堆积密度的影响。该方法综合考虑了振实和材料混合对干混合物堆积密度的影响。

法国的 Bédérina 等人[129]研究了不同含量的石灰石填料对砂性混凝土工作性能和力学性能的影响，在满足混凝土良好工作性能的同时使得混凝土的力学强度达到最大，也就是确定混凝土的最佳颗粒骨架体系，使混凝土达到致密堆积。在实验中固定水泥掺量为 350 kg/m³，研究不同掺量的填料对试样堆积密度的影响，其测定堆积密度的混合试样由下列方法得到：将水泥-填料混合物在干燥状态下搅拌均匀后放置在振动台上振动 15 s 直到体积不再发生变化。该方法在固定水泥掺量、改变矿物填料掺量的情况下测定了干混合物在振实状态下的堆积密度。

综上所述，目前国内外对于干混试样的堆积密度已有相关的试验测定方法，但上述试验方法均未能全面考虑振实程度、试样混合以及试样总体积对干混试样堆积密度试验结果的影响。而对于超细砂-矿物填料-水泥混合试样，需要充分考虑矿物填料对超细砂及水泥颗粒间的填充效应，有必要全面考虑振实、混合搅拌均匀程度以及试样总体积的影响，使干混试样达到最佳颗粒堆积状态。因此有必要找出对超细砂-水泥-干混试样堆积密度测定有效的试验方法。

结合上述干混试样堆积密度测定的试验方法和基于混合物料最佳颗粒堆积状态的配合比理论计算方法，本研究提出超细砂-水泥-矿物填料干混试样的堆积密度试验检测方法,得到使得混合试样达到最大堆积密度时矿物填料的掺量范围和水泥掺量范围,针对每一固定的矿物填料掺量和水泥掺量计算出对应的砂性混凝土配合比。

首先提出超细砂-水泥-矿物填料干混试样的堆积密度的试验测定方法,分别测定当矿物填料为石灰石粉末和沸石粉末时试样的堆积密度,固定水泥掺量,改变矿物填料的掺量。具体的试验方法为:① 将砂加入一定量的水泥-填料混合物中;② 将混合物倒入一个混合容器内,用搅拌器搅拌大约 2 min 至干混合物混合均匀;③ 将混合料倒入能度量的容器中并放置在振动台上大约振动 1 min 直至容积不再改变;④ 掺入超细砂重复步骤①～③直到达到之前预设的体积;⑤ 称量样品的质量,结合体积计算确定干混合物的堆积密度。该试验方法综合考虑了振实、试样混合和样品体积对混合物堆积密度的影响,能很好地测定干混状态下混合物的堆积密度,得到不同矿物粉末填充砂粒间的空隙以及砂粒与水泥颗粒间的空隙的最佳掺量。

对于砂性混凝土而言,水泥掺量比砂浆少,通常用量是 $350\sim450$ kg/m³,考虑到配制的混凝土强度大概为 30 MPa,用于替代普通混凝土就近应用于航道整治工程,压载块的强度要求是 20 MPa,而护面砖的强度要求是 30 MPa,同时在上述理论设计方法中,得到的最佳水泥掺量为 400 kg/m³,在本试验中分别固定水泥掺量为 400 kg/m³,矿物填料掺量根据理论计算结果,同时考虑对性能和强度的影响,分别取为 0 kg/m³、100 kg/m³、150 kg/m³、200 kg/m³、300 kg/m³、500 kg/m³。然后根据上文提出的试验方法测定干混试样的堆积密度,得到的结果如图 4-2 所示。

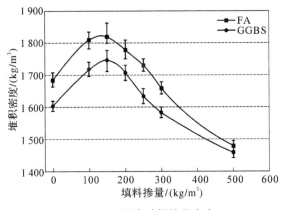

图 4-2 混合试样堆积密度

由试验结果可知,对于不同的矿物填料,随着矿物填料的添加,混合试样的堆积密度先上升后下降。随着矿物填料掺量的增加,水泥-矿物粉末-砂干拌物经振实后的堆积密度逐渐增大。当矿物填料达到某一掺量时,干混合物的堆积密度达到最大值,继续增加矿物填料的掺量,干混合物的堆积密度逐渐下降。因此本试验中,矿物填料存在最优掺量,即在固定水泥掺量的情况下添加最佳掺量的矿物填料能使水泥-矿物粉末-砂干拌物得到最大堆积密度。对于矿粉粉末,当掺量为 150 kg/m³ 时干混合物堆积密度达到最大值;对于粉煤灰,当掺量为 150 kg/m³ 时干混合物堆积密度达到最大值。添加矿粉末和粉煤灰的砂性混凝土干混物料的最大堆积密度分别为 1 810.5 kg/m³ 和 1 740.0 kg/m³,相应的矿物填料与砂子的比值为 0.10 和 0.09。

水泥-砂干混合物为连续级配堆积体系,砂粒间的空隙由水泥颗粒填充,加入矿物填料可以填充砂粒间的空隙和水泥颗粒间的空隙,形成良好的混合物颗粒骨架。因此增加矿物填料的掺量可以增加混合物的堆积密度,当颗粒间的空隙完全被细颗粒填充时,干混合物的堆积密度达到最大值,再增加矿物填料掺量,细颗粒就会占据砂粒的位置,而对于相同体积和密度的混合物,砂粒占混合物的比例下降,干混合物整体的堆积密度也下降。

2) 砂性混凝土配合比理论设计方法

本研究针对疏浚砂提出了使干混试样达到最大堆积密度的理论配合比计算方法,采用基于优化干混合物的最大填充质量体积的方法。就成分而言,砂性混凝土与普通混凝土具有大致相同的成分组成,即水泥、水、外加剂和骨料,但砂性混凝土组成成分的粒径均不超过 5 mm(本试验疏浚砂的粒径为 0~0.6 mm,填料的粒径通常为 0~80 μm)。为了提高砂性混凝土的性能,需要掺加各种添加剂,如高效减水剂。由于砂性混凝土的各种组成较细,这类混合物需要较高的用水量和大量水泥才能达到很好的流动性。但较高的用水量将导致泌水、离析等负面影响;过高的水泥掺量不仅会增加成本,还容易引起干缩从而导致混凝土变形开裂。因此可通过添加高效减水剂和填料从而增加浆体的黏聚性和可泵送性。砂粒间的空隙体积与颗粒比值(d/D)的关系由式(4-22)得到:

$$V = V_0 (d/D)^{1/5} \tag{4-22}$$

式中:V——空隙体积;

V_0——试验常数值,通常取 0.5~0.6;

d——骨料的最小粒径;

D——骨料的最大粒径。

这里,V_0 为 0.75,d 为 0.08 mm,D 为 0.6 mm。

而为了得到最优的级配,胶凝材料的最佳掺量是胶凝材料正好填满砂粒形成的孔隙所需的量。通过简化假设,胶凝材料与填料的用量(F)和砂形成的空隙体积(V)的关系同样由 Caquot 表达式得出:

$$F=(1/2)V \tag{4-23}$$

联立式(4-22)和式(4-23)得到胶凝材料和填料的最佳用量为

$$F=0.27(d/D)^{1/5} \tag{4-24}$$

由上式可以得到 $F=180.5$ L/m³,胶凝材料以水泥用量 f、填料以矿粉用量 C 作为例子计算,水泥表观密度取 3.15 g/cm³,矿粉则选取 2.8 g/cm³,假定矿粉体积占胶凝材料的 30%,取整到 10 kg/m³ 计算得:

$$f=0.7\times180.5\times3.15\approx400 \text{ (kg/m}^3)$$

$$C=0.3\times180.5\times2.8\approx150 \text{ (kg/m}^3)$$

胶凝材料与砂粒混合后,由 Caquot 公式得到的混合物的理论最小孔隙率为:

$$(W+V)_{min}=0.8(d'/D)^{1/5} \tag{4-25}$$

式中:W——水的体积;

V——空气体积;

D——0.6 mm;

d'——晶粒尺寸(同化为球形体积)的调和平均值,可由下式给出:

$$d'=60/(f\times\gamma) \tag{4-26}$$

式中:f——水泥的勃氏比表面积(cm²/g);

γ——水泥的密度(g/cm³)。

这里假设水泥用量 $f=3\ 950$ cm²/g 且 $\gamma=3.1$ g/cm³ 时:

$$d'=60/(f\times\gamma)\approx0.004\ 9$$

$$(W+V)_{min}\approx0.8(d'/D')^{1/5}=306 \text{ (L/m}^3)$$

要估算需水量 W,必须确定夹带的空气量 V_{voids}。可以通过以下经典通用的公式进行计算:

$$V_{voids}=K\cdot W \tag{4-27}$$

式中:K 是常数,取值范围为 $0.20\leqslant K\leqslant0.25$。

这里取 K 值为 0.20,通过式(4-27)计算可得到:$V_{voids}=51$ L/m³,$W=255$ L/m³。

砂子用量由式（4-28）确定：

砂（S）＝1 000－胶凝材料用量－填料用量－水量－空气量－减水剂用量

$$(4-28)$$

减水剂用量为胶凝材料质量的 0.6%，减水剂密度以 1.07 g/cm³ 计，则减水剂体积 R 为：

$$R＝(400＋150)×0.006÷1.07＝3.1 （L/m^3）$$

则用砂量 $S＝1 000－180.5－306－3.1＝510.4 （L/m^3）$。

假设砂子的密度为 2.3 g/cm³，则砂量 $S＝1 174 kg/m^3$。

该方法从提高干混合物的堆积密度和使级配达到最佳状态的角度提出了砂性混凝土的配合比理论设计方法，先通过理论计算方法计算砂子颗粒间孔隙体积，得到胶凝材料（水泥和矿物填料）的体积。再通过相关理论计算砂子和胶凝材料混合后的空隙体积并分别计算水和空气的体积，同时为了增强浆体的黏聚性和工作性能，添加适量的高效减水剂，求得砂子用量。最后根据矿物填料和水泥之间的关系得到水泥和矿物填料各自的掺量。

4.4 本章小结

（1）砂性混凝土经混合搅拌、振动成型后，水化生成的水化硅酸钙、水化铁酸钙凝胶以及氢氧化钙、水化铝酸钙和水化硫铝酸钙等晶体将疏浚砂颗粒胶结在一起，形成密实的三维空间网络，使水泥石结构更致密，并有效促进水泥基材料强度的增长。

（2）在以上研究基础上，采用 SEM 等微观分析，通过疏浚砂水泥试样的水化产物种类、浆体结构、孔隙率的致密程度、骨料界面的分析，从内部微结构角度进一步优化配合比，提高疏浚砂混凝土的力学和耐久性能；通过 SEM 分析发现，与早期的试样相比，结构的密度增大，表明试样的强度增大，矿粉、粉煤灰等活性掺和料能有效消耗水泥基质中的 C-H 水化合物，水化程度较高产生致密的内部微观结构，孔隙率较小。矿粉对微观结构强度的影响明显大于粉煤灰。

（3）"三低一超"法即低砂率、低坍落度、低水泥用量和粉煤灰的超量取代更能符合超细砂混凝土的特性，有利于解决超细砂对混凝土强度影响大、混凝土收缩量大和易开裂等缺点。此外，采用高效减水剂可降低用水量。

（4）与普通混凝土不同，砂性混凝土主要由废弃超细砂、水泥、矿物填料、水和高效减水剂等组成，其中砂替代普通混凝土中的粗骨料，粉煤灰、矿粉等填料替代普通混凝土中的细骨料,水泥为黏结剂,同时必须掺入高效减水剂增加砂性混凝土流动性。通过矿物粉末等填料细颗粒的填塞作用,基于合理良好的颗粒级配制备获得以砂为主要原料的新型细粒式混凝土。

(5) 本研究提出测定废弃超细砂-水泥-矿物填料干混试样的堆积密度试验检测方法,得到使得混合试样达到最大堆积密度时矿物填料的掺量范围和水泥掺量范围,针对每一固定的矿物填料掺量和水泥掺量,结合上述的理论计算方法计算出对应的砂性混凝土配合比。本试验中,矿物填料存在最优掺量,即在固定水泥掺量的情况下添加最佳掺量的矿物填料使得水泥-矿物粉末-砂干拌物得到最大堆积密度。对于矿粉粉末,当掺量为 150 kg/m³ 时干混合物堆积密度达到最大值;对于粉煤灰,当掺量为 150 kg/m³ 时干混合物堆积密度达到最大值。

砂性混凝土配合比设计采用基于优化干混合物的最大填充质量体积的方法。该方法从提高干混合物的堆积密度和使级配达到最佳状态的角度提出了砂性混凝土的配合比理论设计方法。先通过理论计算方法计算砂子颗粒间的孔隙体积,得到胶凝材料(水泥和矿物填料)的体积,再通过相关理论计算砂子和胶凝材料混合后的空隙体积并分别计算水和空气的体积,同时为了增强浆体的黏聚性和工作性能,添加适量的高效减水剂,求得砂子用量,最后根据矿物填料和水泥之间的关系得到水泥和矿物填料各自的掺量。由该方法算得最佳配合比为水泥掺量为 400 kg/m³,矿粉掺量为 150 kg/m³,水胶比为 0.48,疏浚砂掺量为 1 174.0 kg/m³。

5 砂性混凝土制备工艺研究

5.1 实验室制备工艺研究

5.1.1 原料添加顺序对砂性混凝土强度的影响

为了探寻疏浚砂、水泥、矿粉等主要固态原料添加顺序对砂性混凝土力学性能的影响,对比了同时添加疏浚砂、水泥和矿粉(BH1)、添加矿粉和疏浚砂再加水泥(BH2),以及先添加水泥和疏浚砂再加矿粉(BH3)的各组物料,各组物料均低速搅拌 2 min 后,分 10 次添加拌和有减水剂的水,然后高速搅拌 2 min。拌和好的物料放入模具振动 3 min 成型,1 d 后脱模放入标准养护箱养护。试验方案如表 5-1 所示。

表 5-1 物料添加顺序对砂性混凝土性能影响的试验方案

编号	成型方式
BH1	疏浚砂+矿粉+水泥,低速搅拌 2 min,添加拌和减水剂的水(分 10 次添加),高速搅拌 2 min,装模振动 3 min
BH2	疏浚砂+矿粉,低速搅拌 1 min,添加水泥低速搅拌 1 min,添加拌和减水剂的水(分多次加),高速搅拌 2 min,装模振动 3 min
BH3	疏浚砂+水泥,低速搅拌 1 min,添加矿粉低速搅拌 1 min,添加拌和减水剂的水(分多次加),高速搅拌 2 min,装模振动 3 min

根据不同的实验方案制备砂性混凝土试块,测定在不同搅拌条件下制备的砂性混凝土在标准养护条件下养护 7 d、28 d 和 90 d 后的抗压强度和劈裂抗拉强度,试验结果分别如图 5-1、图 5-2 所示。

从抗压强度结果可以看出,先将矿粉和疏浚砂进行混合再将其与水泥进行混合的 BH2 组抗压强度明显高于其他两组,疏浚砂、矿粉、水泥同时混合的 BH1 组强度次之,强度最低的为先将水泥与砂性土进行拌和再与矿粉进行拌和的 BH3 组。

从图 5-2 所示的不同拌和工艺条件下各砂性混凝土试样的劈裂抗拉强度可知,BH2 组的劈裂抗拉强度分布范围最小。从拌和工艺可知,各物料共同拌和时间最长,因而其劈裂抗拉强度最为均匀,其他两组工艺制备的砂性混凝土的劈裂抗拉强度相差不太明显。

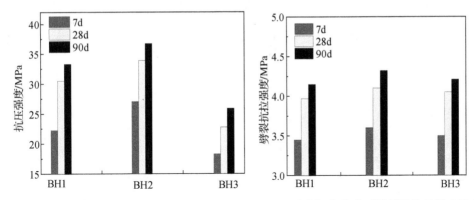

图 5-1 物料添加顺序对抗压强度的影响　图 5-2 物料添加顺序对劈裂抗拉的强度影响

综合混凝土抗压强度和劈裂抗拉强度结果可知,将矿粉与疏浚砂预混然后再将其与水泥进行混合的 BH2 组具有较高的抗压强度和良好的劈裂抗拉强度。因此采用该工艺生产的砂性混凝土兼具良好的抗拉强度和抗压强度,对实际生产具有一定的指导意义。

5.1.2 搅拌速率对砂性混凝土强度的影响

为了研究搅拌均匀程度和搅拌速率对砂性混凝土性能的影响,对比了相同搅拌时间内不同搅拌效率下砂性混凝土的力学性能。将疏浚砂、矿粉、水泥同时加入搅拌机料桶内,先低速搅拌 2 min,然后分 10 次将含有减水剂的水溶液添加到料桶内,一组高速搅拌 2 min(BH1),一组低速搅拌 2 min(BH4),一组高速搅拌 1 min后再低速搅拌 1 min(BH5)。拌和好的物料放入模具振动 3 min 成型,1 d 后脱模放入标准养护箱养护,试验方案如表 5-2 所示。

表 5-2 搅拌速率对砂性混凝土性能影响的实验方案

编号	成型方式
BH1	疏浚砂+矿粉+水泥,低速搅拌 2 min,添加拌和减水剂的水(分 10 次添加),高速搅拌 2 min,装模振动 3 min
BH4	疏浚砂+矿粉+水泥,低速搅拌 2 min,添加拌和减水剂的水(分 10 次添加),低速搅拌 2 min,装模振动 3 min
BH5	疏浚砂+矿粉+水泥,低速搅拌 2 min,添加拌和减水剂的水(分 10 次添加),高速搅拌 1 min+低速搅拌 1 min,装模振动 3 min

不同搅拌条件下制备的砂性混凝土抗压强度和劈裂抗拉强度分别如图 5-3、图 5-4 所示。

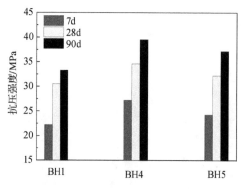

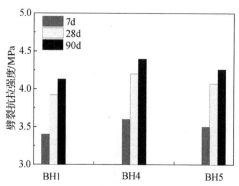

图 5-3　搅拌速率对抗压强度的影响　　图 5-4　搅拌速率对劈裂抗拉强度的影响

从图 5-3 可以看出,在各种物料干混完成并加完含减水剂的水溶液后,低速搅拌 2 min 的 BH4 组制备的砂性混凝土的抗压强度最高,低速搅拌 1 min 然后再高速搅拌 1 min 的 BH5 组强度次之,而加完溶液后高速搅拌 2 min 的 BH1 组的抗压强度最低。表明在加完溶液的拌和料中高速搅拌对砂性混凝土的抗压强度有负面影响,即随着搅拌速率的提高,砂性混凝土的抗压强度反而有所降低。

从图 5-4 所示的劈裂抗拉强度结果可以看出,采用各工艺条件制备的砂性混凝土的劈裂抗拉强度变化趋势同抗压强度变化趋势一致,即低速搅拌 2 min 的 BH4 组的劈裂抗拉强度最高,而先低速搅拌 1 min 再高速搅拌 1 min 的 BH5 组的抗拉强度次之,而高速搅拌 2 min 的 BH1 组劈裂抗拉强度最低。

综合考虑劈裂抗拉强度和抗压强度结果,可知相对于高速搅拌,在拌和好干料且添加完水溶液后,低速搅拌对制备力学性能好的砂性混凝土更加有利。本研究表明低速搅拌 2 min 所制备的砂性混凝土的抗压强度和劈裂抗拉强度都最高。

5.1.3　加水方式对砂性混凝土强度的影响

为了研究减水剂和水溶液的添加方式对砂性混凝土性能的影响,将减水剂和水溶液的添加方式分为单次加含有减水剂的水溶液(BH6),分 5 次添加含减水剂溶液和 5 次添加剩余水的水溶液(BH7),以及 10 次添加含减水剂溶液(BH1)。将物料同时加入搅拌机料桶内,先低速搅拌 2 min,然后分不同方式分别加水,加水后再高速搅拌 2 min,拌和好的物料放入模具振动 3 min 成型,1 d 后脱模放入标准养护箱养护,试验方案如表 5-3 所示。

表 5 - 3　添加减水剂和水溶液的方式对砂性混凝土性能影响的试验方案

编号	成型方式
BH1	疏浚砂＋矿粉＋水泥,低速搅拌 2 min,添加拌和减水剂的水(分 10 次添加),高速搅拌 2 min,装模振动 3 min
BH6	疏浚砂＋矿粉＋水泥,低速搅拌 2 min,添加拌和减水剂的水(1 次添加),高速搅拌 2 min,装模振动 3 min
BH7	疏浚砂＋矿粉＋水泥,低速搅拌 2 min,一半水和减水剂拌匀(分 5 次加)＋再单独加另一半的水(分 5 次加),高速搅拌 2 min,装模振动 3 min

不同加水方式下制备的砂性混凝土抗压强度和劈裂抗拉强度分别如图 5 - 5、图 5 - 6 所示。

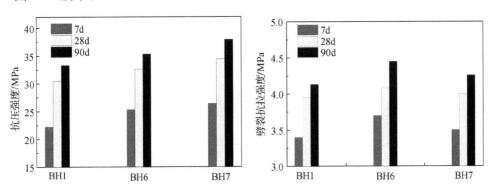

图 5 - 5　减水剂添加方式对抗压强度的影响　图 5 - 6　减水剂添加方式对劈裂抗拉强度的影响

从图 5 - 5 的抗压强度结果可以看出,多次添加水溶液的 BH1 组试样抗压强度较低,但是其抗压强度分布范围较窄;而单次添加水溶液的 BH6 组试样抗压强度较高;先多次添加含减水剂的溶液后再多次添加水的 BH7 组试样的抗压强度最高。

图 5 - 6 所示的抗拉结果表明,总体而言,各种添加减水剂和水溶液的方式对砂性混凝土的劈裂抗拉强度影响不大,只是单次添加含减水剂的试样 BH6 组劈裂抗拉强度稍微高于其余两组。

综合抗压强度和抗拉强度结果,以及添加减水剂和水溶液方式的简便性,单次添加含有减水剂的水溶液其工艺最为简单,而该工艺生产的砂性混凝土的抗压强度较高,且劈裂抗拉强度也稍微高于其他两组。

5.1.4　振动条件对砂性混凝土强度的影响

将疏浚砂、水泥和矿粉添加到搅拌机的料桶内低速搅拌 2 min,再分 10 次添加拌和减水剂的水溶液,之后再高速搅拌 2 min。在振动平台上振动不同时间以观察振动过程对砂性混凝土力学性能的影响。对比不同振动时间的试验方案，如表 5－4 所示。

表 5－4　振动条件对砂性混凝土性能影响的试验方案

编号	振动时间
ZD1	振动 1 min
ZD2	振动 3 min
ZD3	振动 5 min
ZD4	振动 7 min

振动成型后的砂性混凝土试样在成型 1 d 后脱模放入标准养护箱养护，养护 28 d 后测量其抗压强度和劈裂抗拉强度，试验结果如图 5－7、图 5－8 所示。

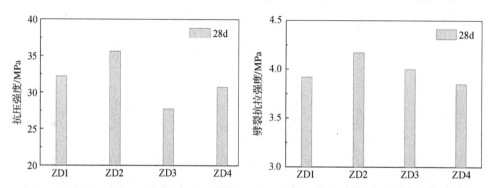

图 5－7　不同振动下条件砂性混凝土抗压强度　图 5－8　不同振动条件下砂性混凝土劈裂抗拉强度

从图 5－7 可以清楚看出，随着拌和好的砂性混凝土在模具内振动时间的延长，砂性混凝土的抗压强度有明显的降低；从图 5－8 可以看出，随着振动时间的延长，砂性混凝土的劈裂抗拉强度有所增加，这可能与振动过度导致砂性混凝土中部分水泥浆从试样顶部泌水有关。

综合砂性混凝土力学性能测试结果和振动工艺考虑，通过适当的延长振动时间对提高砂性混凝土的综合力学性能、平衡砂性混凝土的加工制备效率具有重要意义。结合本研究中的试验结果，可以发现，在试验条件下制备砂性混凝土的振动时间以 2～3 min 为宜，过久的振动不仅会降低砂性混凝土的抗压强度，而且还会降低生产制备砂性混凝土的效率。综合上述针对砂性混凝土制备的实验室工艺研究，本研究提出采用先将矿物填料与疏浚砂混合再与水泥进行混合、低速搅拌、单次添加含减水剂的水溶液、振动成型时间保持在 2～3 min 的制备工艺，以获得更优性能的砂性混凝土。

5.2 现场应用

5.2.1 试验原材料及仪器设备

疏浚砂采用安徽池州东至县老虎滩上的极细砂,研究所采用的水泥为 PO42.5 普通硅酸盐水泥,矿粉为 S95 级矿粉,粉煤灰为二级粉煤灰,减水剂为 HLC 液态高效聚羧酸减水剂,试验中所用的水均为自来水。试验主要仪器设备有称量秤、砂浆搅拌机、振动台。图 5-9 所示为取砂过程。

图 5-9 取砂过程

5.2.2 工艺流程与试样检测

1) 物料称量搅拌

通过电子天平对各种物料按照试验设计要求进行称重,将称重后的物料依次按照疏浚砂、矿粉、水泥的顺序添加到砂浆搅拌机的料桶内,将 HLC 高效减水剂按照设计的比例添加到量取好的水溶液中,并将减水剂加入水溶液中搅拌或者晃动摇匀。为了减少试验中砂性弃土的含水率不同对试验结果的影响,本研究中将砂晾晒风干后备用。在称量好各种固态物料后,首先开启搅拌电机,将各种固态物料搅拌 2 min,然后在不关闭搅拌电机的条件下,分多次将拌和有减水剂的水溶液添加到砂浆搅拌机的料桶内,添加水溶液时采用在搅拌料桶的圆周上均匀地多次添加的方法。将添加完水溶液的物料在砂浆搅拌机内正转搅拌 1 min 后再反转搅拌 1 min,然后关闭搅拌电机并卸下拌和料,物料拌和均匀待振动成型。物料的称量搅拌如图 5-10 所示。

图 5 - 10 物料称量搅拌

2）振动成型

振动成型模具为专门的护面砖模具，在将物料放入模具中振动成型前，在模具内腔和底部均匀地刷上脱模剂，将拌和均匀的物料添加到涂刷过脱模剂的模具中。在物料装至模具容量一半后，将模具放置在振动平台振动 2 min，然后再添加另一半物料，待添加完物料后持续振动 2 min，试样振动成型过程完毕，将振动成型好的试样放置在锚台上，方便进行下一步的养护。如图 5 - 11 所示。

图 5 - 11 振动成型

3）试样养护

将振动成型后的试样用蒸汽养护 6 h 后脱模，养护温度为 40 ℃，采用自然养护，成型后 48 h 脱模。脱模后的试样露天堆放，每天进行洒水养护。试件蒸养及脱模后的堆放分别如图 5 - 12 和图 5 - 13 所示。

图 5 - 12　试件蒸养

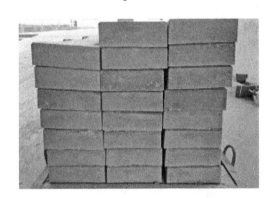

图 5 - 13　脱模后堆放

4) 试样检测

研究中,对脱模养护达到一定龄期的试件进行钻芯取样,将钻好的芯样按照《水工混凝土试验规程》(DL/T 5150—2017)标准进行抗压强度测量,如图 5 - 14 所示。

图 5 - 14　钻芯取样

5) 工业制备及应用

按照以上工艺流程进行砂性混凝土的现场工业制备,砂性混凝土的工业制备如图 5-15 所示。

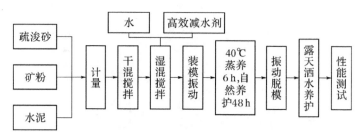

图 5-15　砂性混凝土工业制备图

安徽长瑞建材有限公司采用按上述流程制备的砂性混凝土制备 C30 路面砖,与普通混凝土工艺一样,采用配料、搅拌、振动成型、室外养护等工序制备路面砖,在长江干线武汉至安庆段 6 m 水深航道整治工程中进行实际铺设应用,一块护面砖体积为 121 214.7 mm^2 × 100 mm,即 0.012 12 m^3。护面砖表面及铺设如图 5-16、图 5-17 所示。

（a）矿粉填料　　　　　　　　　（b）粉煤灰填料

图 5-16　护面砖表面

图 5-17　护面砖铺设

5.3 半干法压制成型制备砂性混凝土

半干法压制成型试件强度产生机理主要包括物理作用、化学作用和养护条件三个方面。

(1) 高压物理机械作用。压制材料的初期强度是从材料成型过程中获得的，即在高压下原材料砂土颗粒间紧密接触，依靠分子间吸引力产生了自然的黏结性，使得材料的密实度高，保证了物料颗粒之间的物理化学作用能够高效地进行。这不仅使固化材料具有一定的强度，也为后期强度的形成提供了条件。本试验研究确定的砂性混凝土成型条件为：以 600 N/s 速率加压至 15 MPa 或 20 MPa，并保持恒压 2 min，然后解除压力，拆去压头。

(2) 水泥等胶凝材料的胶结作用。在压制过程中加入水泥、矿粉或粉煤灰，掺入一定量水后，发生水化反应，经过一系列物理化学反应后形成具有膨胀性的水化产物，它能充填空隙，产生体积膨胀的同时将土粒胶结。材料含水率有最佳值，过大或过小对试件性能都不利。混合物料中的水分除参加化学反应外，在成型时还起着润滑剂的作用，能使混合料中的颗粒在压力作用下易于移动并重新排列，所以一定的含水率对成型是有利的。当物料的含水率高于一定值时，压制成型过程中容易黏模；而当物料的含水率低于适当值，又难以得到密实的试件。

(3) 养护作用。对压制成型的砂性混凝土采用了定期洒水养护。压制固化材料中的水分迁移变化与养护介质（空气）的湿度、温度及流动状况密切相关。水在压制固化材料中以三种形式存在，即化学结合水、吸附水和自由水。随着水化反应的进行，化学结合水和吸附水不断增加，自由水减少，水泥及活性材料能否完全充分水化，与其水量能否满足水化需要有极大的关系。而满足水化的水分需求，湿度在养护中起决定作用，它影响水化速度与深度，也即影响压制固化材料的最终强度。

半干法压制成型的用水量远小于试件中活性固料水化所需的水量，为保证压制试件的水化需要，必须依靠养护时从外部补充水分。如果没有养护介质的湿度，压制试件的外部补水就十分困难。另外，压制试件内大量孔结构（物料带入空气所形成的气孔、集料压制不密实产生的空隙、水蒸发产生的毛细孔、水化颗粒的凝胶孔等）的存在使试件在成型后很容易失去其有限的水分。要控制压制试件水分的蒸发，就要保持一定的环境（养护）湿度。再者，胶凝材料的水化作用只有在充满水的毛细管中才能进行。由于蒸发导致的毛细管中的水分的失去会严重影响水泥水化的正常进行,而且在水化过程中产生的凝胶具有很大的比表面积,大量的自由水变为表面吸附水,出现所谓的内部自干作用,这部分失去的水也应由外部水分予以补充。因此,在养护期内要求保证压制试件处于饱水状态,压制试件潮湿养护的龄期愈长,试件强度愈高。保持充分的湿度,最有效的方法还是进行水中养护,还有洒水保湿养护等。

分别使用含泥量为 25%、16%、11% 和 4% 的砂样进行压制,各试件压制制度为以 600 N/s 的速率加压到 15 MPa 或 20 MPa,保持恒压 2 min,具体见表 5-5 所示。试件压制过程及成型试件如图 5-18 所示,压制不成功试件如图 5-19 所示。压制砂性混凝土力学性能见表 5-6,试件劈裂抗拉破坏如图 5-20 所示,洒水养护试件如图 5-21 所示。

表 5-5　砂性混凝土压制配比和制度

试样编号	含泥量/%	配合比(质量比)	最高压制强度/MPa	脱模时间	养护制度	是否压制成功
S1	25	水泥∶粉煤灰∶砂子∶水＝400∶150∶1 174∶264	15	压完立即脱模	洒水养护	是
S2	25	水泥∶矿粉∶砂子∶水＝400∶150∶1 174∶264	15	压完立即脱模	洒水养护	是
S3	25	水泥∶粉煤灰∶砂子∶水＝400∶150∶1 174∶264	20	压完立即脱模	洒水养护	是
S4	16	水泥∶粉煤灰∶砂子∶水＝400∶150∶1 174∶264	15	压完立即脱模	洒水养护	是
S5	11	水泥∶粉煤灰∶砂子∶水＝400∶150∶1 174∶264	15	压完立即脱模	洒水养护	是
S6	11	水泥∶粉煤灰∶砂子∶水＝400∶150∶1 174∶264	20	压完立即脱模	洒水养护	是
S7	4	水泥∶粉煤灰∶砂子∶水＝380∶162∶1 074∶264	15	90 min	—	否
S8	4	水泥∶粉煤灰∶砂子∶水∶碳酸锂＝400∶150∶1 174∶2 642∶3.1	15	90 min	—	否
S9	4	水泥∶粉煤灰∶砂子∶水＝400∶150∶1 174∶264	20	压完立即脱模	—	否

（a）S1 试件压制过程及成型试件

（b）S2 压制成型试件 （c）S3 压制成型试件 1 （d）S3 压制成型试件 2

图 5－18 压制试件

（a）S7 试样压制 （b）S8 试样压制 （c）S9 试样压制

图 5－19 砂性混凝土压制不成功试件

表 5－6　压制砂性混凝土力学性能

试样编号	含泥量/%	抗压强度/MPa			劈裂抗拉强度/MPa			密度/(kg/m³)
		3 d	28 d	90 d	3 d	28 d	90 d	
S1	25	21.6	32.0	34.5	3.1	4.1	4.5	2 074
S2	25	23.3	34.1	37.4	3.3	4.2	4.7	2 086
S3	25	24.6	37.0	41.5	3.5	4.4	4.9	2 123
S4	16	23.1	36.0	38.2	3.3	4.3	4.8	2 056
S5	11	19.3	27.8	32.6	3.0	3.5	3.9	2 040
S6	11	21.3	32.5	35.4	3.3	3.8	4.1	2 035
S7	4	—	—	—	—	—	—	—
S8	4	—	—	—	—	—	—	—
S9	4	—	—	—	—	—	—	—

（a）S2 抗压破坏

（b）S3 抗压破坏

　长江下游超细疏浚砂在混凝土中的应用技术研究

（c）S5 抗压破坏

（d）S2 劈裂抗拉破坏

（e）S3 劈裂抗拉破坏

图 5-20　试件压制和劈裂抗拉破坏

图 5 - 21　洒水养护试件

由以上试验结果可知,当疏浚砂含泥量为 4％时,由于砂粒比较松散,在最终压制强度(15 MPa 或 20 MPa)下,或压制后静置 90 min 以及加入碳酸锂早强剂静置 90 min 都不能成型,脱模试件即破坏。含泥量过少时,试件松散无黏接力,成型后易产生分层与裂隙。配制含泥量为 11％的疏浚砂土和含泥量为 25％的疏浚砂土在 15 MPa 或者 20 MPa 成型压强下都可以使试件成型。对于含泥量为 25％的疏浚砂土,当矿粉和粉煤灰掺量为 150 kg/m³时,掺矿粉试样的 3 d 和 28 d 抗压强度分别为 23.3 MPa 和 34.1 MPa,较之掺加粉煤灰的试件分别提高了 7.2％和 6.2％。当压制强度为 20 MPa 时,较之 15 MPa 的压制强度,3 d 和 28 d 试件抗压强度分别提高 12.2％和 13.5％。对于含泥量为 11％的疏浚砂土,当压制强度从 15 MPa 增加到 20 MPa 时,试件 28 d 抗压强度提高 14.5％,劈裂抗拉强度提高 7.9％。一般来说,试件的强度随成型压力的提高而提高,但成型压力过高时,由于压缩空气的反作用力较大,反而对成型不利,并且压力过高对能耗、成本及设备的要求也同时增加。试件密度在 2 035～2 123 kg/m³之间。

半干法压制成型和振动成型试验结果对比分析发现,相同配合比下,对含泥量为 25％的疏浚砂土,掺加粉煤灰填料的压制试件较之振动成型试件 3 d 和 28 d 抗压强度分别提高 41.9％和 18.7％。压制试件在机械力和化学作用的双重作用下具有更高的力学强度。但对含泥量为 4％的疏浚砂土,以压制成型的方法无法使其成型。含泥量为 11％、16％和 25％的疏浚砂土,在 15 MPa 或 20 MPa 的条件下都可以压制成型。较之 25％的含泥量,使用 16％含泥量的疏浚砂土制备的试件具有更高的强度。

5.4 本章小结

本章提出了使用废弃超细疏浚砂制备砂性混凝土结构的工艺流程并研究了不同工艺条件对砂性混凝土的力学性能的影响,主要得到了以下成果:

(1)将矿粉或粉煤灰与疏浚砂预混,然后再将其与水泥进行混合的砂性混凝土具有较高的抗压强度和良好的劈裂抗拉强度。

(2)相对于高速搅拌,在拌和好干料且添加完水溶液后,低速搅拌对制备的砂性混凝土的力学性能更加有利。

(3)总体而言,各种添加减水剂和水溶液的方式对砂性混凝土的劈裂抗拉强度影响不大,只是单次添加含减水剂水溶液的试件的劈裂抗拉强度稍微高于其余两组。

(4)在试验条件下制备砂性混凝土的振动时间以 $2\sim3$ min 为宜,过久的振动不仅会降低砂性混凝土的抗压强度,而且还降低了生产制备砂性混凝土的效率。

(5)安徽长瑞建材有限公司采用砂性混凝土制备 C30 路面砖,与普通混凝土工艺一样,经过配料、搅拌、振动成型、室外养护等工序制备路面砖,在长江干线武汉至安庆段 6 m 水深航道整治工程中进行实际铺设应用。

(6)掺矿粉试样的 3 d 和 28 d 抗压强度分别为 24.3 MPa 和 34.1 MPa,较之掺加粉煤灰的试件分别提高了 7.2% 和 6.2%。相同配合比下,对 25% 含泥量的疏浚砂土,压制试件较之振动成型试件 3 d 和 28 d 抗压强度分别提高 41.9% 和 18.7%。压制试件在机械力和化学的双重作用下具有更高的力学强度。

(7)对于含泥量为 4% 的疏浚砂土,以压制成型的方法无法使其成型。含泥量为 11%、16% 和 25% 的疏浚砂土,在 15 MPa 或 20 MPa 的条件下都可以压制成型。较之 25% 的含泥量,具有 16% 含泥量的疏浚砂制备的试件具有更高的强度,3 d 和 28 d 抗压强度分别提高了 6.5% 和 11.1%。

6　养护制度对疏浚砂砂浆及水工混凝土孔隙结构及力学性能的影响

在长江航道的治理工程中,蒸汽养护是制备护坡砖、鱼巢砖等水工混凝土预制构件的关键工艺。目前对蒸养下混凝土的性能的研究较多。Long 等[130]研究发现,蒸汽养护虽然在总体上能够提高混凝土的强度,但是会使混凝土构件产生肿胀变形、脆性增大等不利影响;吴岳峻等[131]利用 X 射线衍射及压汞法(MIP)等技术研究发现,预养时间不足会导致胶凝材料内部孔隙率的增大,而预养时间过长对孔径细化不利。曾潇等[132]通过正交试验研究了过硫磷石膏矿渣水泥砂浆的强度与蒸养温度、静停时间和蒸养时间等因素的关系。目前疏浚超细砂的利用仍处于探索阶段,有必要深入研究蒸养制度对超细疏浚砂浆及水工混凝土的力学性能和微观结构的影响,以进一步指导实际生产应用。

本章的研究主要针对不同的养护制度、疏浚砂掺量、碱当量,通过对不同龄期的疏浚砂水工混凝土的力学性能的测试,基于相同的蒸养能量消耗,分析疏浚砂水工混凝土对蒸养时间和蒸养温度不同的敏感性,采用 CT 技术分析砂浆的微观孔隙结构特征差异,分析强度与孔隙结构分布的关系,为蒸养机制下超细疏浚砂浆抗压强度评估提供理论参考。

6.1　养护制度对疏浚砂砂浆影响规律的研究

6.1.1　试验方案

1) 试验原材料

本研究中的黏结材料包括矿粉(S)和粉煤灰(F)。矿粉和粉煤灰是回收材料,由建筑和工业固体废物中得到,用来替代传统水泥。为使回收砂浆具有良好的和易性,选用了聚羧酸醚基高效减水剂(SP)。用于疏浚砂砂浆的胶凝材料的碱性活化剂由市售硅酸钠溶液组成,硅酸钠溶液的比重为 1.53,碱性模数比(M_s)等于 0.64(其中 $M_s = SiO_2$ 物质的量含量/Na_2O 物质的量含量,Na_2O 质量含量为 27.3%,SiO_2 质量含量为 16.8%,H_2O 的质量含量为 55.9%)。

长江超细疏浚砂与细度模数为 2.38 的天然河砂一起被作为细骨料。本章试验使用的疏浚砂来自长江下游泰州河段疏浚工程所得到的疏浚物,通过在疏浚船静置、沉淀、淘洗等一系列措施得到了能使用的疏浚砂。用 X 射线荧光（XRF）测定的疏浚砂的化学成分如表 6-1 所示。疏浚砂和天然河砂的粒径分布和物理性质分别如图 6-1 和表 6-2 所示。

表 6-1　疏浚砂的化学成分分析

材料	各成分质量分数/%										
	CaO	SiO$_2$	Al$_2$O$_3$	MgO	TiO$_2$	SO$_3$	Na$_2$O	K$_2$O	P$_2$O$_5$	Fe$_2$O$_3$	MnO
矿渣（GGBS）	52.83	22.05	13.08	6.70	1.46	1.70	0.21	0.39	0.07	0.70	0.53
粉煤灰（FA）	4.053	49.46	39.00	0.47	1.743	0.75	0.17	0.43	0.48	3.06	0.03
疏浚砂（DS）	5.56	68.74	11.14	2.42	0.56	0.03	1.84	2.3	0.18	3.20	0.05

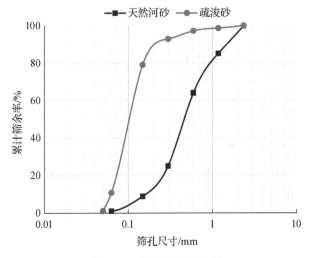

图 6-1　砂颗粒级配曲线

表 6-2　细骨料的物理性质

砂种类	表观密度/(g/cm^3)	细度模数	吸水率/%
疏浚砂（DS）	2.69	0.16	4.50
天然河砂（NS）	2.61	2.26	3.41

图 6-2 为胶凝材料的扫描电镜（SEM）图像。对比图 6-2(a)和图 6-2(b)，可以看出 FA 的颗粒多呈现球体，表面较光滑；而 GGBS 颗粒的形状是不规则的多面体，且表面存在一些碎片状附着物。采用 Nikon Eclipse E200 POL 偏光显微镜对疏浚砂的颗粒形貌和河砂的颗粒形貌进行观察，其结果如图 6-3 所示。从图 6-3

可以观察到,偏光显微镜下的疏浚砂颗粒呈现半透明状。普通河砂具有明显更大的粒径,且颗粒呈饱满的球形。相比而言,长江下游疏浚砂颗粒小,且圆滑度较低,棱角性较高,存在较多针状的细颗粒。这样的颗粒形态会导致颗粒之间的摩擦性较大,影响砂浆的工作性能,进而造成砂浆流动性的降低。

(a) FA   (b) 矿渣

图 6-2 胶凝材料的 SEM 图像

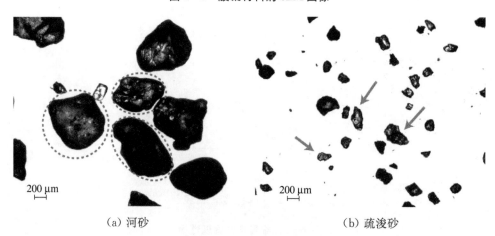

(a) 河砂   (b) 疏浚砂

图 6-3 骨料颗粒形貌

2) 配合比

试验砂浆配合比见表 6-3。

表 6-3 疏浚砂(DS)砂浆的配合比   单位:kg/m³

混合物编号	水灰比	疏浚砂	天然河砂	粉煤灰	矿粉	水玻璃
3S7F50	0.45	302.8	302.8	350	150	140

3) 蒸养制度

试验方法依据《水泥胶砂强度检验方法(ISO)法》(GB/T 17671—2021)进行,首先按照表6-3中的配合比拌制砂浆,然后将搅拌均匀后的砂浆浇筑进钢模中(钢模尺寸:40 mm×40 mm×160 mm),再将各模具放置在振动台上振捣至成型。将成型后的砂浆分为四组,其中一组作为对比组,放入标养箱中进行标准养护(编号为B)。另外三组放入蒸养箱蒸养。蒸养制度的制定主要参考贺智敏[133]关于蒸养混凝土的热损伤效应的研究,并且考虑以下两个因素:一方面考虑在实际生产过程中,应尽量在24 h内结束蒸养过程以达到加快模具循环利用的目的;另一方面研究较长的静停时间对砂浆的蒸养效果的影响大小。最后,通过预试验确定了基本满足上述需求的蒸养制度。蒸养制度分为四个阶段:20 ℃下静停3 h、6 h、18 h,编号分别为J03、J06、J18;升温2 h至温度达到60 ℃;保持60 ℃恒温5 h;降温2 h至温度回到20 ℃。在1 h内对蒸养结束的砂浆进行拆模,然后均进行自然养护至龄期,拆模后的砂浆试块如图6-4所示。以J03为例作出的蒸养曲线如图6-5所示。

图6-4　砂浆试块

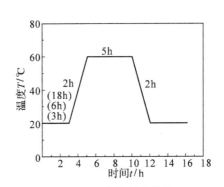

图6-5　蒸养制度曲线

4) 力学性能测定

抗压强度参照《水泥胶砂强度检验方法(ISO)法》(GB/T 17671—2021)中的试验方法,对不同养护制度下的砂浆的3 d、7 d、28 d、90 d龄期的抗压强度进行测定。抗压强度的测定设备为万测微机控制电子万能试验机。

5) X-CT仪器

CT扫描设备采用如图6-6所示的德国的Vtomexs微焦点X射线CT系统,其扫描参数设置为电压120 V,电流150 mA,功率18 W。被用来扫描试验的砂浆样品是从养护至28 d的砂浆样品中心切割得到的(样品尺寸为20 mm×20 mm×40 mm)。获得分辨率为32.6 μm/体素、像素数量为1 024×1 024的二维断层扫描图像。

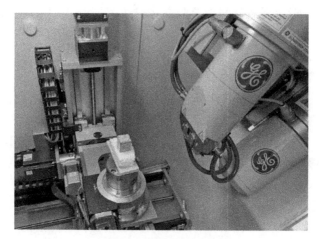

图 6-6　CT 扫描设备

6) CT 图像处理办法

后处理过程由 ImageJ 和 Avizo(美国 VSG 公司推出的软件)执行。为避免边壁效应造成分析结果的误差,从试件的每一张原始扫描图像(尺寸为 20 mm× 20 mm)的中心选取 13 mm×13 mm 的区域进行 CT 图像的分析,省略区域外的部分。利用 ImageJ 图像分析二维图像上不同位置的灰度分布,确定了孔隙和基体的灰度范围。Avizo 可以降低图像的噪声,对不同成分进行阈值分割,然后进行三维重建,分析试块的三维孔隙形态分布特征。CT 图像的处理流程如图 6-7 所示。

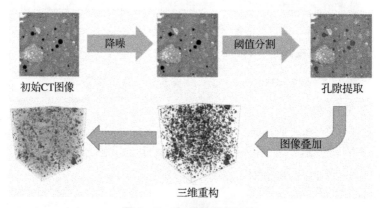

图 6-7　CT 图像处理流程

6.1.2　养护制度对疏浚砂浆宏观力学性能的影响

标准养护与不同静停时间下蒸汽养护的砂浆各个龄期的抗压强度如图 6-8

所示。由图可知,经过蒸汽养护的砂浆的早期强度(3 d、7 d)均大于标准养护下的砂浆。随着静停时间的增加,砂浆的早期强度(3 d、7 d)与强度增长速率均增大。在静停期间,处在静置密实过程中的砂浆试块的胶凝材料所产生的早期水化是造成强度增加的主要原因,这促使砂浆产生抵抗残余变形的能力,也为砂浆后续强度的提高提供了一个较好的基础。与标准养护相比,静停时间为 6 h、18 h 的砂浆试样的 28 d 抗压强度分别增加了 10.95%、22.08%。静停时间的增加,对后期强度(90 d)的影响不大。如图 6-8,静停时间为 3 h 时的砂浆抗压强度与标准养护下的砂浆强度的折线相交。由此可知,虽然其早期强度高于标准养护下的砂浆,但是 28 d、90 d 的抗压强度均低于标准养护下的砂浆强度。即静停时间不足会导致砂浆试块的后期抗压强度低于标准养护。这是因为蒸汽养护导致砂浆的早期强度快速提高,但在高温养护下,砂浆中的水分会转变为气体,从而产生的热胀导致孔壁承受了一定的压力。当静停时间不足时,砂浆还未具备足够的早期强度,如果此时就开始蒸养,这种热胀作用就会使砂浆内部产生微裂缝,这对试件后期的强度增长会产生不利影响。因此,进行蒸养前有足够的静停时间是必须的。

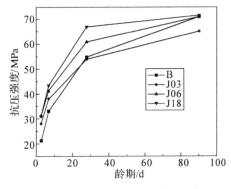

图 6-8 砂浆不同龄期抗压强度

6.1.3 养护制度对疏浚砂浆孔隙结构的影响

通过对四种砂浆的 CT 图像的处理及研究可知,不同静停时间对孔隙结构的空间分布及演化规律的影响主要体现在平均孔隙率、孔径分布、孔隙体积及球形度等方面。

1) 孔隙率

为了分析不同的静停时间对砂浆的孔隙率的影响,沿着竖直方向由表及里对标准养护下的砂浆以及三种不同静停时间下的二维孔隙率进行提取与分析,得到如图 6-9 所示的沿竖直方向的二维孔隙率分布图。从图中可以看出,沿 z 轴深度二维孔隙率的变化明显。其中,静停 6 h 的砂浆(J06)的二维孔隙率分布较为均衡。砂浆的三维孔隙率可通过计算二维孔隙率的平均值得到。平均孔隙率与其方差见表 6-4。由表 6-4 可知,经过蒸养后的砂浆的平均孔隙率均大于标准养护下的平均孔隙率。并且,随着静停时间的延长,平均孔隙率逐渐降低。越小的方差数值代表了孔隙率在扫描层之间的分布越均匀。从表 6-4 可以看出,静停时间越长,砂浆的方差越大。说明增加静停时间虽然可以减小孔隙率,但不利于孔隙分布均匀性的改善。

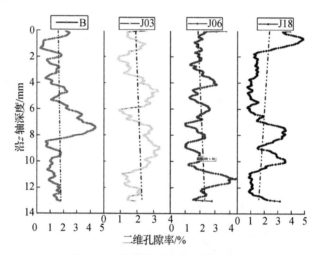

图 6-9 沿竖直方向的二维孔隙率

表 6-4 平均孔隙率与方差

组别	B	J03	J06	J18
平均孔隙度/%	1.69	2.21	2.09	1.88
方差/×10^{-5}	8.78	4.40	5.83	10.66

为了验证砂浆孔隙率与抗压强度的关系,对砂浆 28 d 抗压强度与孔隙率进行拟合研究,发现平均孔隙率与抗压强度的发展关系密切,拟合效果见图 6-10。从图 6-10 中可以看出,孔隙率与抗压强度呈线性负相关。

2) 孔径分布特征

当平均孔隙率相同时,孔隙的尺寸分布对砂浆试块的强度的影响也不可忽略。因此,针对不同的养护制度,利用孔径来表征孔隙尺寸分布特征,以此深入了解不同孔径的分布对试件宏观性能的影响。各组孔隙尺寸特征见图 6-11。由图 6-11 可知,蒸汽养护后的砂浆的最大孔径与平均孔径分别大于标准养护后砂浆的最大孔径与平均孔径。这说明蒸汽养护会使砂浆孔隙结构粗化。随着静停时间的增

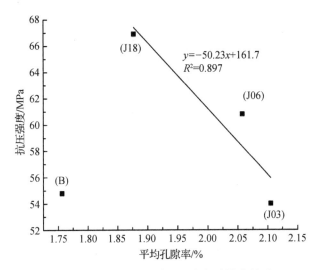

图 6-10　砂浆 28 d 抗压强度与孔隙率关系

加,平均孔径与最大孔径均先减小后增大。由此可知,较短的静停时间不利于孔径的细化与减少,会造成整体孔隙率增加。过长的静停时间会降低蒸汽养护的效果,虽然会降低总体孔隙率但对孔径的细化并不理想。

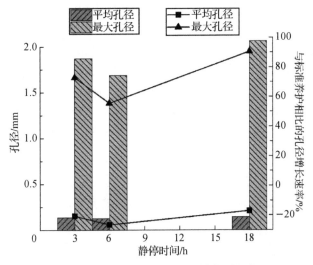

图 6-11　最大孔径、平均孔径与静停时间关系图

在试样三维体重建数据中,对孔隙的尺寸进行分级描述,并基于此对其二维尺寸大小与分布特征进行研究分析,得到了如图 6-12 所示的不同孔径的体孔隙频率分布图。从图 6-12 中可以看出,与标准养护相比,蒸汽养护会显著增加砂浆中的微米级孔隙。增加静停时间会使小于 150 μm 的细小孔数量减少。

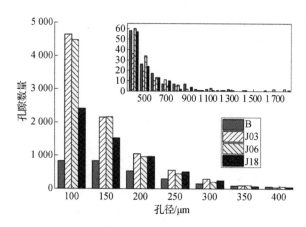

图 6 - 12　基于 X-CT 的孔径分布

3) 孔体积分布特征

研究孔体积-数量的分布特征可以达到从三维视角分析不同的静停时间下砂浆的孔隙特征的目的,得到如图 6 - 13 所示的规律。对孔体积-数量在对数坐标下进行指数拟合,可得 4 组不同养护制度下的砂浆的孔体积-数量分布均符合单指数分布。从图 6 - 13 可以看出,对于孔体积小于 0.001 mm³ 的孔隙,孔隙的数量随着其体积的减小而呈指数增加。图 6 - 13 还对不同体积的孔隙的累计总体积进行了统计与分析。从中可以发现,与 $10^{-5} \sim 10^{-3}$ mm³ 的孔隙数量随着孔径的减小呈指数增加的规律不同,累计孔体积在该范围内是基本保持平稳的,处在 0.2 ~ 0.25 mm³ 之间。单个孔隙的体积在孔体积大于 0.1 mm³ 的区域内占据了绝对的优势(单孔体积远大于孔体积<0.01 mm³ 的孔隙),并且此时在对数坐标下累计孔体积的增加依旧符合指数函数的规律。

4) 球形度

实际中,在砂浆构件中标准的圆形或椭圆形的孔隙是很少存在的。因此,在对孔隙的二维层面进行研究时,为了定量描述孔隙的真实形态,基于体式学原理,研究人员选取外接椭圆的长短轴之比来对孔隙偏离椭圆的程度进行描述。在缺乏三维信息时,用二维表征三维,虽有其进步性,但是其局限性也是非常明显的。基于用 Avizo 软件重建的孔隙三维模型,可以直观地观察孔隙真实形态,并且使用三维参数——球形度来表明孔隙形状的不规则程度。球形度[134]的计算公式为:

$$S = \frac{\pi^{\frac{1}{3}}(6 \times V)^{\frac{2}{3}}}{A} \tag{6-1}$$

式中:V——孔隙三维体积(μm³);

A——孔隙三维表面积（μm^2）。

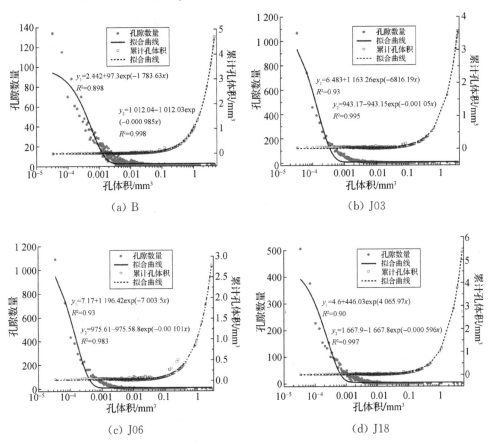

图 6-13　孔体积分布图

为了研究砂浆孔隙球形度与孔体积关系，作如图 6-14 所示的散点图，可以清楚地看出，球形度大于 0.8 的孔隙在其中占据很大的比例，并且球形度较大的孔隙分布较广，在各个体积范围中均存在，而较小的球形度仅存在于体积较大的孔隙中。以 0.1 为间距划分，作出砂浆孔隙球形度分布图如图 6-15。从图 6-15 可知，四组砂浆孔隙球形度在 0.9~1 区间的占比均超过了 65%，这可以认为大部分的孔隙已经趋于理想。J03、J06、J18 三种蒸养砂浆的孔隙球形度在该区间的占比分别为 69.13%、66.00%、65.21%，而标准养护砂浆（B）在该区间的占比为80.21%。这说明，相比于标准养护，蒸汽养护会减少球形度在 0.9~1 区间的孔隙的占比，且随着静停时间的增加该区间的占比逐渐减小。

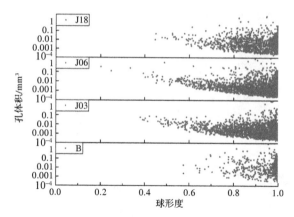

图 6-14 孔隙球形度与孔体积关系图

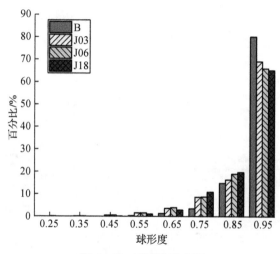

图 6-15 球形度分布图

6.2 养护制度对掺有超细疏浚砂的水工混凝土的影响

6.2.1 养护制度与混合比例

疏浚砂水工混凝土的不同配合比设计如表 6-5 所示。基于之前的试验结果,选择疏浚砂水泥的矿渣/粉煤灰比为 70/30,以确保水工混凝土具有较高的强度。水工混凝土使用的普通细集料为粒径小于 5 mm 的天然河砂,粗集料为粒径 5.25 mm 的石灰石。激发剂碱度是指 Na_2O 相比于矿渣和粉煤灰的质量比,考虑蒸养条件在不同碱度下的影响,选取三种不同激发剂碱度,分别为 2%、3% 和 4%。水粉比是指配合比中的总水量与矿渣、粉煤灰质量和的比例,此处选择水粉比为0.45。同时加入了三种不同疏浚砂掺量,分别为0%、50%和100%,用于比较疏浚砂掺入对蒸养水工混凝土强度的影响。

表6-5 疏浚砂水工混凝土配合比设计

	粗骨料/ (kg/m³)	细骨料/ (kg/m³)	粉煤灰/ (kg/m³)	矿粉/ (kg/m³)	碱当量	水/ (kg/m³)	疏浚砂掺量
DS50-2%	1 125	606	150	350	2%	155	50%
DS50-3%	1 125	606	150	350	3%	155	50%
DS50-4%	1 125	606	150	350	4%	155	50%
DS0	1 125	606	150	350	4%	155	0%
DS100	1 125	606	150	350	4%	155	100%

在蒸养中,常常有高温和低温两种不同的蒸养模式。模拟工厂利用蒸养快速提高水工混凝土强度的方式,从工厂生产所需要的能量消耗出发研究了6种不同的蒸汽养护方式。由于存在热传递,蒸养箱需要不断输入能量以维持箱体内的温度恒定。每一蒸养制度所需的能量消耗由能量消耗指数表示[135]。根据传热计算公式定义能源消耗指数 Φ 为在蒸养过程中高于环境温度的温度曲线包围的面积,如公式6-2所示。

$$\Phi = \lambda \int (t_1 - t_0)\mathrm{d}h \qquad (6-2)$$

式中:λ——传热系数;

h——蒸养时间;

t_1——箱体内设定温度;

t_0——环境温度。

所处环境平均室温约为20 ℃,所以本研究中 t_0 设定为20 ℃(68 ℉)。本研究分别选取的蒸养温度 t_1 为40 ℃(104 ℉)和60 ℃(140 ℉)。选取了三个不同的能量消耗指数,并且分别在两种不同的蒸养温度环境下开展蒸汽养护,具体参数和对应编码如表6-6所示。图6-16显示了本研究所采用的养护体系。对于蒸汽养护,整个养护过程分为四个阶段。以E2C60体系为例,首先将标本置于室温条件下保持恒温2 h(第一阶段);然后以每小时上升20 ℃的速度加热2 h至目标温度(第二阶段);在目标温度下保持预设时间2 h(第三阶段);以每小时下降20 ℃的速度冷却2 h至20 ℃。此外加入一组标准养护组作为控制对照组。蒸汽养护过程结束后,将所有试件移入标准养护环境。

表 6-6 蒸养制度

蒸养工况	蒸养温度/℃	升温时间/h	恒温时间/h	降温时间/h	能量消耗/(kJ/m)
E1C60	60	2	1	2	120
E2C60	60	2	2	2	160
E3C60	60	2	3	2	200
E1C40	40	1	5	1	120
E2C40	40	1	7	1	160
E3C40	40	1	9	1	200

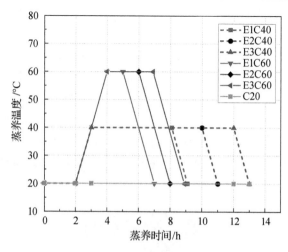

图 6-16 蒸养制度示意图

6.2.2 试验方法

1) 试样制备及测试方法

为了测量抗压强度,根据《混凝土物理力学性能试验方法标准》(GB/T 50081—2019)浇筑模具的尺寸为 100 mm×100 mm×100 mm 的立方体试件。蒸汽养护过程结束后,将试件脱模并放入标准养护环境或者预设湿度条件下养护,分别测试了水工混凝土在 1 d、3 d、7 d 和 28 d 的强度。

2) 微观结构分析

采用扫描电子显微镜对水工混凝土的微观结构进行了观察,并采用电子能量色散光谱仪(EDS)进行元素分析。此外,采用压汞法测定了蒸汽固化疏浚砂水工混凝土的孔隙结构。用测孔仪测试水化 28 d 的样品的孔隙结构。在测试前,从浇筑试样的坚硬中心处获得样本,将样本在无水乙醇中浸泡 24 h。为了更好地观察疏浚砂水工混凝土中的孔径分布情况,将孔隙的大小划分为四个区间,即胶孔(孔径在 10 nm 以下)、毛细孔(孔径为 10~50 nm)、中毛细孔(孔径为 50~100 nm)和大毛细孔(孔径大于 100 nm)。采用 XRD (D8 Advance)对蒸养疏浚砂水工混凝土的相组成进行了测试。将真空干燥后的样品磨成细粉。扫描角度的范围是 $10°~60°$,在 40 kV 和 100 mA 的条件下使用 $Cu(K_α)$ 靶,步长设为 $0.020°$,速度设为 $2°/min$。

6.2.3 试验结果与讨论

1) 养护制度对早期抗压强度的影响

在工业化生产中,为了让水工混凝土能够具有较高的早期强度,常常采取蒸养的操作,从而达到提前拆模、提高模具周转率、缩短工期的效果。首先基于不同的疏浚砂掺量、碱当量以及蒸养制度,对疏浚砂水工混凝土早龄期抗压强度开展研究。

(1) 不同的砂掺量

水工混凝土的早期强度取决于水工混凝土早期的水化速率。基于不同的疏浚砂掺量,对疏浚砂水工混凝土进行蒸养,并测量其 1 d 龄期强度。蒸养条件对水工混凝土早龄期强度(1 d)的影响如图 6-17 所示。总体上可以发现蒸养条件下的水工混凝土比没有蒸养的水工混凝土早龄期强度有显著提升。其中,无疏浚砂添加的对照组 AADSC0 强度由 41.7 MPa 提升至 55.7 MPa,提高了 33.6%;50%疏浚砂掺量下的 AADSC50 强度由 28.5 MPa 提高至 40 MPa,提高了 40.2%;100%疏浚砂掺量下的 AADSC100 强度由 28.8 MPa 提高至 35 MPa,提高了 21.5%。总体来说,疏浚砂水工混凝土的强度随着疏浚砂的大幅度掺加而下降。对比发现,蒸养对疏浚砂水工混凝土早龄期强度具有明显的提升作用。随着疏浚砂掺量的提升,蒸养对疏浚砂水工混凝土早期强度提升的幅度先提高后降低。

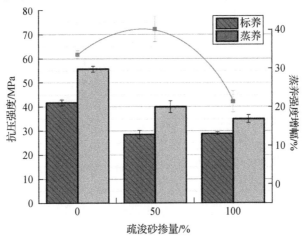

图 6-17 蒸养对不同砂掺量疏浚砂水工混凝土早龄期强度的影响

（2）不同的碱当量

碱当量对水工混凝土的强度发展有重要影响。对不同碱当量试件进行蒸养，蒸养后早龄期强度（1 d）的提升如图 6-18 所示。其中，对于 2%碱当量来说，蒸养后 1 d 强度由 0.6 MPa 升至 5.95 MPa，强度提升了近 10 倍。3%碱当量蒸养后强度由 2.1 MPa 提升至 27 MPa，强度达到标准养护的约 12 倍。有趣的是，当碱当量提升至 4%后，蒸养后的强度虽然相比标准养护有所提升，但是仅仅提升了 40%。研究发现，当疏浚砂水工混凝土的碱当量较低时，蒸养对于其早期强度具有非常明显的促进作用。而当碱当量超过一定的值时，这种效果就大幅降低。

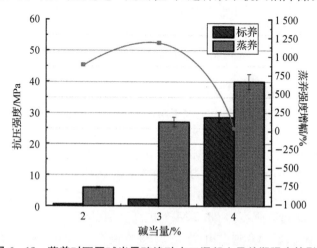

图 6-18　蒸养对不同碱当量疏浚砂水工混凝土早龄期强度的影响

（3）不同的蒸养制度

不同蒸养制度对水工混凝土早期强度的影响具有明显的差异性。本研究基于工厂工业化生产的真实条件，研究了不同能量消耗指数、不同蒸养温度对疏浚砂水工混凝土早期强度的影响。不同蒸养工况下疏浚砂水工混凝土的强度发展如图 6-19 所示。研究结果表明，能量消耗相同的情况下，高温蒸养对疏浚砂水工混凝土早期强度具有更大的促进作用。E2（$\Phi=160$）条件下，高温蒸养后强度相对于40 ℃低温蒸养后提升最大，达到40.1%。而在 E1（$\Phi=120$）和 E3（$\Phi=200$）条件下，高温蒸养后强度相对提升分别为 28.6%和 29.1%。当蒸养温度相同时，数据结果显示能量消耗指数越大，疏浚砂水工混凝土早期强度越高。在 60 ℃条件、E1 条件下的 1 d 强度最低，E2 和 E3 条件下分别比 E1 条件下的能量消耗高出 33%和 67%，而它们的 1 d 强度比 E1 条件下的强度分别高出 11%和 19%。然而，当蒸养温度不同时，消耗更多能量并不会带来更高的早期强度。从图中可以看到，尽管 E3C40 组的消耗的能量比 E1C60 组的多 67%，然而其 1 d 强度却比 E1C70 组的低 7.5%。

因此,在蒸养条件中,温度对于早期强度的影响更大,而不是蒸养时长。这是因为在早期强度发展中,高温蒸养会促进水工混凝土在有限时间内产生更多的凝聚相,并且使其含有更高比例的水化物[136]。因此,对于疏浚砂水工混凝土的工业化生产来说,如果想要获得更高的早期强度,短时间的高温蒸养是更加经济的选择。

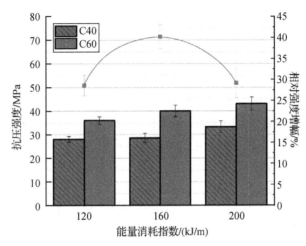

图 6-19　不同蒸养工况对疏浚砂水工混凝土早龄期强度的影响

2) 加速养护制度对后期强度发展的影响

蒸养过程对于疏浚砂水工混凝土的早期强度来说具有明显的促进作用,但是有研究表明蒸养会阻碍水工混凝土强度的发展,导致水工混凝土的标准龄期强度出现下降。本研究考虑不同碱当量、疏浚砂掺量以及蒸养制度等因素,研究了蒸养环境对水工混凝土强度发展的影响。

(1) 不同砂掺量

对于不同砂掺量下的疏浚砂水工混凝土,研究了其在蒸养后强度的发展情况,试验结果如图 6-20 所示。总体上,在 7 d 内疏浚砂水工混凝土蒸养后强度都保持快速的增长,且从图 6-20(a)中可以发现蒸养后疏浚砂水工混凝土强度曲线在7 d之前比没有蒸养情况下的曲线增长幅度更大。然而,疏浚砂水工混凝土蒸养后其28 d 强度相比未蒸养的要小。这表明蒸养后疏浚砂水工混凝土在 7 d 后的水化作用明显减少。另外,蒸养容易导致疏浚砂水工混凝土内部结构出现缺陷,随着龄期的增长,水工混凝土内发生干缩并且产生裂缝,从而导致水工混凝土强度的下降。

从图 6-20(b)中可以发现,对于不同 DS 掺量的疏浚砂水工混凝土来说,蒸养带来的强度增长存在差异。蒸养对于疏浚砂掺量为 0 的水工混凝土的效果最佳。蒸养对强度的增幅效果在 3 d 和 7 d 时依然明显,强度提升率分别为 16% 和 11%。但是在 28 d 时,蒸养对于强度增幅的效果已经消失。对于 AADSC50,蒸养后对水工混凝土强度的提升比率在 3 d 时为 13%，而在 7 d 时，蒸养的强度提升效果已经消失。在 28 d 时，蒸养对强度的影响表现为负面的，强度相对标准养护条件下降7%。对于 AADSC100，蒸养后对水工混凝土强度的提升在 3 d 为 4%。而在 7 d和 28 d 时，蒸养对强度的影响表现为负面的，强度相对标准养护条件分别下降了9% 和 10%。对比后可以发现，蒸养对于水工混凝土强度发展存在负面效应，并且疏浚砂的掺入可能使得负面效应变得明显。值得注意的是，蒸养对于早期强度具有促进作用，而疏浚砂的掺入促进了这一效应。这样的结果表明，疏浚砂的掺入可能对蒸养中进行的早期反应产生了影响，进而影响了早期强度和后期强度。有研究表明，在蒸养条件下，疏浚砂内部惰性复合组分即结晶二氧化硅的火山灰活性可能增加。石英颗粒可能被部分溶解，从而提高了基质的黏附性。疏浚砂水工混凝土中碱性离子的存在会对二氧化硅晶格的破坏产生很大影响[137]，同时能增加基质与骨料颗粒的接触表面积[138]。

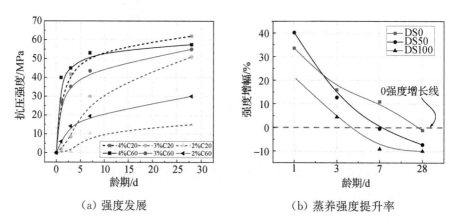

（a）强度发展　　　　　　　　（b）蒸养强度提升率

图 6-20　蒸养对不同疏浚砂掺量的疏浚砂水工混凝土强度发展的影响

（2）不同碱当量

基于不同碱当量，研究了疏浚砂水工混凝土在蒸养条件下强度的发展，如图 6-21所示。对于 4% 碱当量，蒸养对疏浚砂水工混凝土早期强度有一定的提升作用，但对 7 d 龄期之后的强度没有帮助。蒸养后的 28 d 强度低于标准养护情况，表现出蒸养的负面效应。然而对于 3% 碱当量，蒸养对疏浚砂水工混凝土的强度增幅有非常显著的效果。在 1 d 时，蒸养后疏浚砂水工混凝土强度是标准养护条件下强度的 12 倍。3 d 龄期时，蒸养后强度是标准养护情况下的 3 倍。随着龄期的增长，蒸养对于强度的增强效果快速降低，7 d 龄期时，蒸养后强度增幅为 45%，而 28 d时强度增幅降为 7.8%。对于 2% 碱当量，蒸养对疏浚砂水工混凝土的强度增强效果是巨大的。1 d 和 3 d 龄期时，蒸养后强度分别为标准养护时的 9 倍和 19 倍。

虽然随着龄期增长,强度增幅效果降低,但是在 7 d 和 28 d 时,强度增幅依然很高,分别为 88% 和 100%。这样的结果显示,蒸养条件对于不同的碱当量的强度发展具有很大的差异性。蒸养对于低碱当量疏浚砂水工混凝土的长期强度发展不仅没有负面影响,反而具有正面作用。对于低碱当量的情况,蒸养具有显著的促进激发的效果,不仅能够提升疏浚砂水工混凝土的早期强度,还能够提高其标准强度。而这种促进效果随着碱当量的提升逐渐下降甚至变为负面影响。碱溶液是疏浚砂水

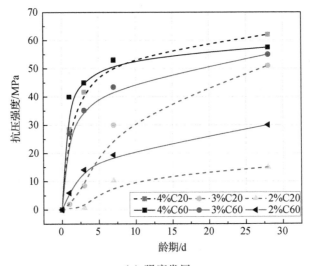

（a）强度发展

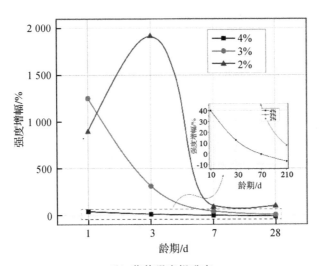

（b）蒸养强度提升率

图 6‑21　蒸养对不同碱当量疏浚砂水工混凝土强度发展的影响

工混凝土材料最主要的成本来源。在低碱当量的情况下，混合物中的碱溶液不能与疏浚砂水工混凝土中的胶凝材料有效地反应，从而无法产生强度。但是蒸养可能提高了材料化学反应的活性，使得在低碱当量的情况下更多的玻璃体被溶解，从而给后期强度发展提供了更多的凝胶产物。但是随着碱当量的提高，这种促进作用太过强烈，使得刚刚溶解的凝胶即可在胶凝材料表面聚集沉淀，从而阻碍了水工混凝土内长期的碱激发反应。

（3）不同蒸养制度

图6-22展示了不同蒸养制度下疏浚砂水工混凝土强度的发展情况。试验结果显示，在相同的能量消耗下，虽然在高温条件下能够获得更高的早期强度，但是其长期强度的发展会遇到阻碍。相比之下，低温蒸养保留了更大的水工混凝土强度增长的空间。尽管在1 d时，高温蒸养后的强度都大于低温蒸养，但是在3 d时，这种强度的差距开始缩小。7 d时，E2组高温和低温的强度非常接近。28 d时，低温蒸养下的强度都大于高温蒸养下的强度。另外，随着能量消耗的增加，疏浚砂水工混凝土早期强度上升，然而后期强度发展下降。这表明高温蒸养实际上对水工混凝土造成了损伤。研究结果在一定程度上与前人的研究相符[139-140]。尽管较高的温度增加了早期的强度，但是它可能从大约7 d起对强度产生不利影响。一种可能的解释是，蒸汽固化下的高温加速了碱活化的速率并影响了反应产物的分布，这降低了后期反应产物在孔隙中的填充和分布效率[141-142]。早期快速的水化作用

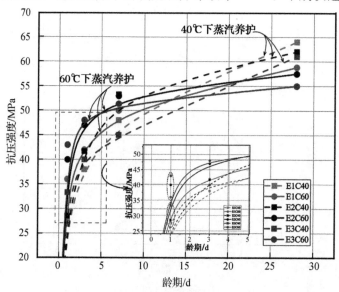

图6-22 不同蒸养制度对疏浚砂水工混凝土强度发展的影响

造成了水化产物的不均匀分布,主要由于没有充分的时间使得胶凝产物扩散出去,在高初始水化速率下小范围地沉淀。最佳蒸汽养护方式受到许多变量的影响,包括采用的蒸养温度和时间。蒸养时间合适时,可以使强度提升,而超过合适的蒸养时间后,则能观察到基质的粗化和后期强度的降低[141]。这种效应可能与大比表面积的 C-S-H 非晶相转化为水合硅酸钙的结晶形式,从而使水化硅酸钙对石英晶体的黏附力降低有关[138]。此外,蒸汽养护产生的水蒸气压力也可能导致在骨料和糊状物之间的界面形成微裂纹,这也将降低抗压强度[141]。

3) SEM 分析

用扫描电镜观察水工混凝土的微观结构,图 6 - 23 所示的扫描电镜显微照片代表了疏浚砂水工混凝土养护龄期为 3 d 时的微观结构。疏浚砂水工混凝土的基质由聚集的絮状凝胶颗粒组成,它们是在水化过程中形成的 C-S-H、N-A-S-H 或 C-A-S-H,由于它们具有小尺寸、可变的组成、无序结构和紧密聚集等特征,因此不容易彼此区分。图 6 - 23(a)和(b)分别显示了标准养护和蒸汽养护后 3 d 时疏浚砂水工混凝土的微观结构。从早期水化产物可以清晰地看到,对于标准养护条件下的疏浚砂水工混凝土,内部水化产物还未完全发展,因此在絮状沉积的水化硅酸钙周围存在着大量的孔隙。蒸养后的疏浚砂水工混凝土中,内部的孔隙直径大大减小,孔隙分布更加均匀,显示微观结构已经开始从多孔结构转变为紧密均匀的基质。这是由于蒸养促进了钙和铝更快地从矿渣颗粒中溶解,并使得大量凝胶在早期形成。相反,标准养护下的矿渣玻璃相与蒸养条件下相比溶解较慢,导致较少的表面反应。此外,可以发现蒸养后水化产物存在集中堆积的现象,这可能是水化速率过快导致的。然而这种非均匀水化产物分布也可能影响后期反应产物对基质的黏聚效率。

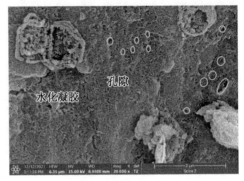

(a) 标准养护情况(3 d)　　　　　　(b) 蒸汽养护情况(3 d)

图 6 - 23　早龄期疏浚砂水工混凝土的 SEM 图像

对不同蒸养制度下的疏浚砂水工混凝土开展了微观形貌观察以及能谱分析。

如图 6-24 所示,在相同的能量输入下,高温条件下的水工混凝土微观结构呈现致密化的特点,早期水化程度更高。在孔隙结构方面,高温条件下的疏浚砂水工混凝土中含有更多的大孔结构,与其致密的基质形成很鲜明的对比。这可能是由于高温蒸养中水工混凝土材料的变化较为复杂,复杂的湿热环境会引起水工混凝土材料的膨胀变形,导致孔隙粗化。在水化过程中,浆体和骨料之间的界面过渡区(Interface Transition Zone,ITZ)的初始孔隙被大量水蒸气包围。水蒸气在高温条件下膨胀产生气压,造成水化产物的生长和扩散受到阻力。这一机制一方面导致浆体和骨料之间的初始孔隙不容易被水化产物填充,另一方面导致硅酸钙水化物凝胶的密度增加。在蒸汽固化过程的冷却阶段,因为环境温度开始降低,水工混凝土内部孔隙中的水蒸气冷凝导致孔隙内的压力降低,由此造成孔隙负压力、微裂缝产生。这也是蒸汽养护水工混凝土比标准养护水工混凝土更容易开裂的主要原因之一[143]。此外根据 Ye 等人[144]的研究结果,微裂纹还可能由于高碱阳离子的反应产物的不稳定性而产生,疏浚砂水工混凝土中的凝胶在干燥过程中更容易坍塌和重新分布[145]。对不同蒸养条件下的水化产物进行 EDX 分析,在水化产物中,Ca/Si(物质的量之比,下同)和 Si/Al 比值分别为 1.36 和 3.25,表明疏浚砂水工混凝土内部形成了由钙、铝和硅组成的化合物,与无定形的水化钙铝硅酸盐(C-A-S-H)凝胶的形成有关[146-148]。较高的 Ca/Si 和 Si/Al 比值分别表明更多的钙水合物和硅酸盐相。Brough 和 Atkinson[149]、Abdulkareem 等[150]报道称,这些物质相负责浆体的致密化,和力学性能直接相关。事实上,具有高 Ca/Si 和 Si/Al 比的疏浚砂水工混凝土的 1 d 抗压强度更高。当蒸养时间增加时,钙相和硅键增多,抗压强度提高。

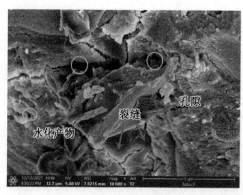
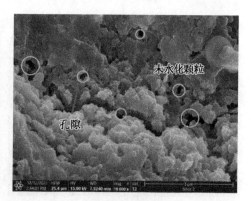

(a) 高温蒸养　　　　　　　　　　(b) 低温蒸养

图 6-24　不同蒸养制度下疏浚砂水工混凝土 3 d 龄期的 SEM 图像

图 6-25 展示了蒸养后不同疏浚砂掺量的疏浚砂水工混凝土的微观结构。从

图 6-25(a)中可以看到,没有掺加疏浚砂的样品呈现出多裂缝和开放的大孔微结构。相反,掺加了疏浚砂后的 A50、A100 的微观结构的表观孔隙率降低,其水化产物表现为相对致密和均匀的基质,且其具有更多的水化产物。在检测样品中可以发现许多裂纹,随着疏浚砂的掺入,基质的裂缝数量减少,且裂缝宽度缩小。结果表明,添加超细疏浚砂后,凝胶孔被细化并断开[151],因此水分损失率降低。这是由于疏浚砂的极细粒径有助于基质中的空隙的填充,减少了水工混凝土的微缺陷,改变了其孔结构,从而减少了孔隙压力,这与 Marjanović 等人[152]和 Yang 等人[153]的研究发现相符。

(a) A0   (b) A50   (c) A100

图 6-25　不同疏浚砂掺量下蒸养后的 SEM 图像

4) MIP 试验研究

不同的养护条件下 3 d 时的疏浚砂水工混凝土孔径分布的变化如图 6-26 所示,该图揭示了蒸养下疏浚砂水工混凝土的一些总体趋势。具体而言,样品的孔隙按孔径大小分为两种:大凝胶孔(孔径为 10～100 nm)和毛细管孔(孔径>100 nm)。标准养护下试件的孔隙结构主峰对应的孔径在 200～300 nm 附近,而高温和低温蒸养下主峰对应的孔径都在 10 nm 左右,因此蒸养后的试样具有更小比例的毛细孔。此外,试验结果显示,在相同的能量消耗下,疏浚砂水工混凝土的孔隙结构受蒸养温度的影响很大。相同的能量输入下,与低温环境相比,高温环境下孔径在 10～100 nm 处的凝胶孔更少,而低温蒸养条件下的孔隙结构明显更加粗大。这意味着与低温环境相比,高温蒸养可以显著减小早期的凝胶孔尺寸,而这能对水工混凝土的早期抗压强度产生正面影响。从图 6-26(a)中可以观察到低温蒸养过程中孔隙的形成伴随着更多的大凝胶孔隙和毛细管孔隙的形成(孔径为 10～100 nm、500～1 000 nm)。然而对于 E2 和 E3,低温蒸养下的孔径中大的毛细孔随着蒸养时间的增加而消失。图 6-26(d)给出了孔隙度的测试结果。总体上,蒸养后的孔隙率比标养后的小。而相同能量消耗下,高温的孔隙率比低温的更低。但是相比于高温条件,低温蒸养条件下的孔隙率随着输入能量增加出现更大幅度的缩小。

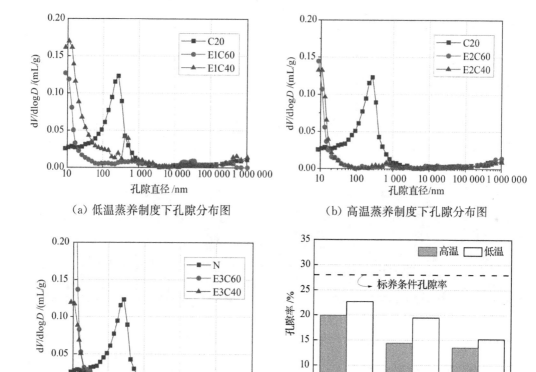

（a）低温蒸养制度下孔隙分布图　　　　　（b）高温蒸养制度下孔隙分布图

（c）标准蒸养制度下孔隙分布图　　　（d）不同温度下能量消耗指数与孔隙率关系图

图 6-26　不同蒸养制度下疏浚砂水工混凝土 3 d 的孔隙结构

5）XRD 分析

水工混凝土的早期力学性能与材料胶结成分的矿物学和微观结构密切相关。图 6-27 显示了所研究的试样的 XRD 图谱。通过图 6-27 可以观察到，"22°～38°"2θ 宽峰显示了所研究的产物中存在高度无序的玻璃相[154]，表明所形成的主要产物是具有低有序晶体结构的凝胶[155]。此外，在 XRD 图中，可以看出样品中明显存在的晶相（石英、莫来石等）。所有样品的光谱都显示了类似钠碱石（Na₂CO₃）和钠长石（NaAlSi₃O₈）的结晶峰特征。这是因为低结晶度的 N-A-S-H 型凝胶结构近似于水化硅酸铝钠，其在碱活化粉煤灰/矿渣混合体系中极有可能出现。有研究认为莫来石和石英在强的碱性介质中会发生轻微的变化[156]。但是在本研究中并未发现水工混凝土被活化反应明显改变的现象。

在 XRD 图谱中还观察到一些小晶相类似沸石的结构，这与之前的研究结果一致[157]。在高温蒸养和低温蒸养后，XRD 图谱呈现出一些与沸石如羟基方钠石

$(\mathrm{Na_4Al_3Si_3O_{12}OH})$存在相关的强烈峰。然而在标养的样品中并未观察到类似沸石结构的形成。在样品中还发现了少量的赫歇尔石和碳酸钠。这些晶相(沸石或碳酸钠)的存在表明了蒸养过程对加速活化反应的有效性方面的差异。C-A-S-H型凝胶是所研究的样本中最主要的新产物,从特征峰衍射强度的增加可以看出,蒸养之后,水工混凝土中出现的凝胶产物数量相对较多。通过对比低温和高温蒸养的C-A-S-H峰,可以看出,高温环境下的产物结晶度更高。这说明高温蒸养环境促进了凝胶的聚合和结晶过程。类似羟基方钠石的峰在高温蒸养试样中更加明显,而在低温蒸养中不容易发现。从这些衍射图中能够推断,高温蒸养条件非常影响碱活化浆体的反应速率,其能够促进类似沸石结构的产生。而这些结晶能够促进强度的发展。此外,对比不同疏浚砂掺量下的蒸养试样[图6-27(b)],可以发现添加疏浚砂后,水化产物晶体结构发生了改变。在无疏浚砂掺入时,主要的结晶产物是钠长石。而掺入疏浚砂后,类似沸石的峰更加明显。

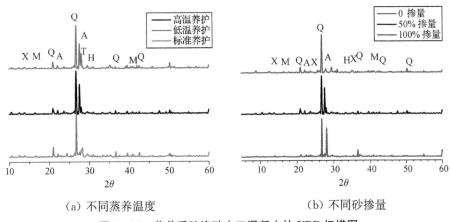

(a) 不同蒸养温度 　　　　　　　　(b) 不同砂掺量

图 6-27　蒸养后疏浚砂水工混凝土的 XRD 扫描图

(A:水化凝胶;Q:石英;M:莫来石;T:钠长石;X:类沸石晶体)

6.2.4　疏浚砂掺量对掺有超细疏浚砂的水工混凝土的影响

1) 不同疏浚砂掺量配合比的水工混凝土孔结构特征分析

压汞试验得到五种不同疏浚砂掺量配合比的水工混凝土试样的孔隙率如表6-7和图6-28所示。由压汞试验数据可知,五种不同疏浚砂掺量配合比的水工混凝土试件的孔隙率均在20%以下。疏浚砂掺量配合比为50%的水工混凝土试样的孔隙率小于10%,为9.953 7%。在0~100%范围内,随着疏浚砂掺量配合比的增大,孔隙率先逐渐减小后逐渐变大。

表 6-7　五种不同疏浚砂掺量配合比的水工混凝土的孔隙率

疏浚砂掺量/%	0	25	50	75	100
孔隙率/%	16.767 6	14.832 7	9.953 7	11.112 1	15.190 8

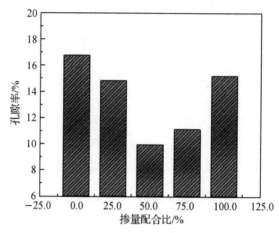

图 6-28　五种不同疏浚砂掺量配合比下的水工混凝土的孔隙率

　　五种不同疏浚砂掺量配合比的水工混凝土的累积孔体积与孔径关系曲线如图 6-29 所示。在图 6-29 中可以看出,曲线随试件疏浚砂掺量配合比的增大而先逐渐下移再逐渐上移,说明随着疏浚砂掺量配合比增大,其内部累积孔体积先减少后增加,疏浚砂掺量配合比为 50% 的水工混凝土试样的累积孔体积全部处于最下方,密实度良好。

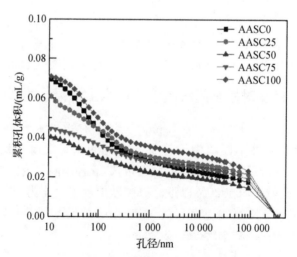

图 6-29　累积孔体积与孔径关系曲线

为了获得与水工混凝土不同的疏浚砂掺量配合比相关的更为精确的孔径分布,根据划分准则划分为无害孔(孔径小于 20 nm)、少害孔(孔径范围为 20～50 nm)、有害孔(孔径范围为 50～200 nm)、多害孔(孔径大于 200 nm)。五种不同疏浚砂掺量配合比下的水工混凝土试件中各中孔的体积关系如图 6-30 所示。从图中可以看出,随着疏浚砂掺量配合比的增大,无害孔的孔隙体积减小,在疏浚砂掺量配合比达到 50%后,疏浚砂掺量配合比的增加对无害孔的孔隙体积的影响不大;少害孔、有害孔以及多害孔在 0～100%范围内随着疏浚砂掺量配合比的增大,孔隙的体积基本呈现先逐渐减小后逐渐变大的趋势。

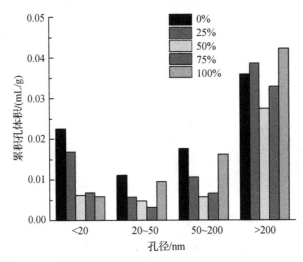

图 6-30　不同疏浚砂掺量配合比的水工混凝土孔径分布图

2) 不同疏浚砂掺量配合比下的水工混凝土微观形貌分析

借助电镜获取五种不同疏浚砂掺量配合比下的水工混凝土试件的微观结构图片,分析不同疏浚砂掺量配合比的水工混凝土材料微观结构,揭示疏浚砂掺量配合比与微观结构变化之间的关系。不同疏浚砂掺量配合比(WD)下的水工混凝土试件在 500 倍和 2 000 倍下的图片如图 6-31 所示。可以明显看出,随着试件疏浚砂掺量配合比的增大,试件内部的气孔数量先明显减少再增加。同时,从图中的圈状可以看出,当过量掺疏浚砂时,其气孔内部会存在较多的内在缺陷和损伤。

选取不同疏浚砂掺量配合比的疏浚砂水工混凝土气孔间的基质部分,使用电镜设备将其放大 10 000 和 20 000 倍,如图 6-32 所示。对比可以看出,当疏浚砂掺量配合比为 50%时,可明显观察到基质部分主要由层片状堆积 $Ca(OH)_2$ 晶体和 C-S-H 凝胶紧密结合,结晶较为完整,结构密实。疏浚砂掺量配合比为 25%和

75％的疏浚砂水工混凝土，其基质多为针状交叉的 $Ca(OH)_2$ 晶体，结晶不完全，结构较密实。而当疏浚砂掺量配合比为 0 和 100％时，其气孔间的基质部分较为疏松，甚至存在一些微裂缝，这可能是由于干燥和自收缩等相互作用而导致的。

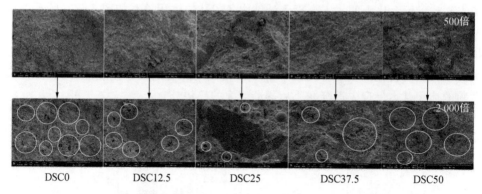

图 6-31　不同疏浚砂掺量配合比下试件的电镜图(放大 500 倍和 2 000 倍)

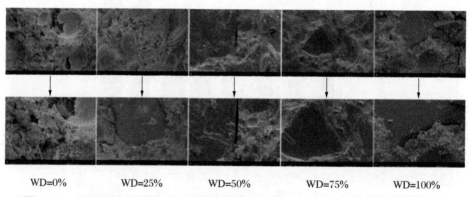

图 6-32　不同疏浚砂掺量配合比下基质部分的电镜图(放大 10 000 倍和 20 000 倍)

3) 不同疏浚砂掺量配合比下的水工混凝土 3D 可视化分析

CT 扫描得到的试样切片二维图如图 6-33(a)所示，经三维重建后的水工混凝土图片如图 6-33(b)所示，属于灰度值图像，是由一系列灰度值不等的体素组成的。由于水工混凝土本身的密度和孔隙的密度相差较大，因此通过扫描图像可以获取孔隙的结构信息。利用分析软件 Avizo 采用阈值分割法将孔隙提取出来，然后对水工混凝土中的矿物组分进行透明化处理，从而可以使水工混凝土中的孔隙的三维形貌和空间相对位置清晰地展现出来。图 6-34 给出了透明度为 100％ 的处理后的图像。从图中可以看出，水工混凝土内部孔隙分布丰富，细小的孔隙密布整个水工混凝土内部。

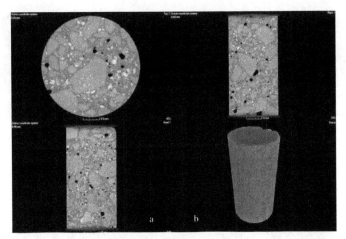

图 6-33　不同疏浚砂掺量的水工混凝土试样切片二维图和三维图

图 6-34　不同疏浚砂掺量的水工混凝土试样的孔隙三维图

不同疏浚砂掺量配合比下的水工混凝土试样切片二维图和三维图如图 6-35 所示。从这个图中可以看出,在疏浚砂掺量配合比为 50% 时,CT 测得的孔隙(大直径孔隙为主,孔径 10 μm 以上)更小更少。在掺量配合比为 0~50% 范围内,随着疏浚砂掺量配合比的增大,水工混凝土变得更加密实。在掺量配合比为 50%~100% 范围内,随着疏浚砂掺量配合比的增大,水工混凝土的孔隙反而增大变多。

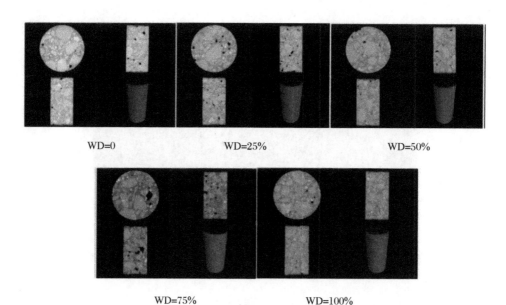

WD=0　　　　　　　　　WD=25%　　　　　　　　　WD=50%

WD=75%　　　　　　　　　WD=100%

图 6-35　不同疏浚砂掺量配合比下的水工混凝土试样切片二维图和三维图

6.3　本章小结

本章的研究主要针对不同的养护制度、疏浚砂掺量、碱当量,通过对不同龄期的疏浚砂水工混凝土的力学性能的测试,分析了疏浚砂水工混凝土对蒸养时间和蒸养温度不同的敏感性,并采用 CT 技术分析了砂浆的微观孔隙结构特征差异,分析了强度与孔隙结构分布的关系。主要工作内容和成果如下:

（1）对于蒸养试件,增加静停时间可以显著提高砂浆的早期（3 d、7 d）强度及增长速率,但对其后期（90 d）强度的影响较小。与标准养护试件相比,蒸汽养护会增加砂浆的孔隙率（至少增加 11.24 %）。静停时间的增加有助于砂浆内部水化反应的进行,从而提高材料的密实度,降低孔隙率,有利于抗压强度的增长。

（2）与标准养护相比,蒸汽养护会使砂浆孔隙粗化。当静停时间不足时,不利于孔隙的减少与细化;而静停时间过长,虽然孔隙率有所降低,但孔径增大,不利于孔径分布向小孔径方向移动。对于四组砂浆试件,球形度大于 0.9 的孔隙在其中占据很大的比例（60 %以上）,并且球形度较大的孔隙分布较广,在各个体积范围中均存在,而较小的球形度仅存在于体积较大的孔隙中。蒸汽养护会减少球形度在 0.9～1 区间的孔隙的占比。

（3）在低碱当量的情况下,蒸汽养护不仅能够大大增加疏浚砂水工混凝土的早龄期强度,而且还能够提高其后期强度。疏浚砂的掺加能够扩大蒸汽养护的早强功能,但是同时也会抑制后期强度的提升。蒸汽养护下,50%掺量下获得最大的早强性能,而100%和0掺量获得的早强性能接近。100%掺量下,蒸汽养护对于后期强度的抑制负面效应最为明显。

(4) 蒸汽养护的温度是影响疏浚砂水工混凝土强度的主要因素。60 ℃的较高养护温度能够使疏浚砂水工混凝土获得更高的早期强度。40 ℃的低温蒸养虽然使疏浚砂水工混凝土的早期强度略低,但是获得了比60 ℃蒸养下更大的后期强度。相同的蒸养温度下,提高蒸养时间能够增加早期强度,但是对后期强度也存在消极影响。

(5) 提高蒸汽养护的温度和时间(更高的能量消耗)产生更高早期强度。通过电镜扫描和XRD发现,高温蒸养后微观结构变得更加致密,但是蒸养后水化产物集中堆积,影响后期反应产物对基质的黏聚效率。

(6) XRD结果显示蒸养后的混凝土中水化产物主要为C-S-A-H凝胶,呈现为类似沸石结构的晶体结构。MIP结果显示蒸养后早龄期混凝土内部的孔结构明显变细,基质更加密实,但同时也出现了更多的裂缝。随着蒸养时间的增加,混凝土内部孔隙率不断下降,且经低温蒸养的混凝土孔隙率下降幅度更大。

(7) 五种不同疏浚砂掺量配合比下的水工混凝土试件的孔隙率均在20%以下。随着疏浚砂掺量配合比的增大,其内部累积孔体积先减少后增加。随着试件疏浚砂掺量配合比的增大,试件内部的气孔数量先明显减少然后再增加。

7 超细疏浚砂砂浆特性及细微观组成分析

使用废弃材料,如粉煤灰、矿渣(火电副产品)[158]和疏浚砂(DS,航道疏浚副产品)[159]可以增强水工混凝土生产过程的环境可持续性。因此,使用疏浚砂砂浆作为一种可持续的建筑材料,不仅有助于最大限度地减少二氧化碳的排放,而且也减少了对河砂这种天然原始资源的需求。但是在尝试将这些可回收材料整合到可持续生产过程中,并将其再制造成新产品时,会出现应用问题。比如,需要充分考虑回收材料对力学性能的影响。不同的疏浚砂掺量下的复合材料的强度存在很大差异[160]。有研究利用疏浚物料作为天然砂替代物设计砂浆,发现砂浆的干燥收缩量大大增加[161]。

本章研究用 DS 替代细骨料后砂浆性能的变化规律,并分别分析 DS 对富矿粉和富粉煤灰两种不同胶凝体系砂浆的影响。对砂浆的抗压强度和抗弯强度进行评价,研究砂浆的力学性能。通过测定砂浆的干缩性和吸水率,研究砂浆的耐久性。对疏浚砂砂浆的作用机理进行研究,从而给疏浚砂在砂浆中的应用提供基础。

7.1 试验方案

7.1.1 试验配合比和试件制备

本试验设计了 10 种疏浚砂砂浆混合料,所有混合料的水胶比均为 0.45。疏浚砂砂浆的配合比见表 7-1。本研究以疏浚砂掺量为主要影响因素,分别考虑五种不同替换率。此外,本研究设计并测试了两种疏浚砂砂浆混合物(表 7-1)。混合物标记为 7S3F[代表 70%(质量分数,下同)矿渣和 30%粉煤灰的混合黏合剂]和 3S7F(代表 30%矿渣和 70%粉煤灰的混合黏合剂)。在表 7-1 中,混合物编号是描述混合比例细节的一系列字母和数字。在混合物编号中,字母表示胶凝材料的类型,数字表示疏浚砂的替换率。例如,混合物编号 3S7F50 表示胶凝材料为 30%矿渣+70%粉煤灰的混合,疏浚砂替换天然砂的比例为 50%。所有的砂浆都是按照 ASTM C305—14 标准混合的。矿渣和粉煤灰预先干燥混合,并以低速[(140±5) r/min]搅拌 15 s。最终,制备不同配合比的疏浚砂砂浆,并测试其强度和微观结构。

表 7-1　疏浚砂砂浆的配合比　　　　　　　　单位:kg/m³

混合物编号	水灰比	疏浚砂	天然河砂	粉煤灰	矿粉	水玻璃
3S7F0	0.45	0	605.6	350	150	140
3S7F25	0.45	151.4	454.2	350	150	140
3S7F50	0.45	302.8	302.8	350	150	140
3S7F75	0.45	454.2	151.4	350	150	140
3S7F100	0.45	605.6	0	350	150	140
7S3F0	0.45	0	605.6	150	350	140
7S3F25	0.45	151.4	454.2	150	350	140
7S3F50	0.45	302.8	302.8	150	350	140
7S3F75	0.45	454.2	151.4	150	350	140
7S3F100	0.45	605.6	0	150	350	140

7.1.2　试验方法

1) 砂浆力学性能测试

按照 ASTM C109 标准,浇筑尺寸为 50 mm×50 mm×50 mm 的立方体试件,并在养护龄期为 1 d、3 d、7 d、28 d 和 56 d 时测量试件的抗压强度。在养护龄期为 28 d 时,根据 ASTM C348 标准测定尺寸为 160 mm×40 mm×40 mm 的棱柱梁试样的抗弯强度。其中,抗折强度采用三点弯曲加载方法,加载速率为(50±2) N/s,抗压强度试验加载速率为(2.4±0.2) kN/s。

2) 耐久性试验

根据《建筑砂浆基本性能试验方法标准》(JGJ/T 70—2009)开展吸水率测试和干燥收缩试验,研究砂浆的耐久性,分别测量不同配合比下砂浆的吸水率。首先,将试块放于恒温鼓风干燥箱中,调节烘箱温度为 78 ℃,烘干试件直至试块的质量不再变化,试块的干质量记为 D;干质量测量完毕后,将试块浸入水中,48 h 后用纱布将试块擦干,开始测量试块的饱和质量 W。试件的吸水率为试件所含水分的质量百分比。

水工混凝土砂浆的干缩主要是由于混凝土中的水分在空气中蒸发散失而引起的砂浆收缩,干缩往往容易造成砂浆基体的开裂,给砂浆的强度和耐久性带来不利影响。根据 JGJ/T 70—2009 制备两端具有固定收缩头的干缩试件,试件制作的过程中应充分振捣,防止试件内部存在气泡而导致试件的收缩测量不准确。将模具中所有的棱柱都在标准养护条件下固化 7 d[温度为(20±2) ℃,相对湿度为

95%]；之后在(20±2)℃、相对湿度为(60±5)%的条件下将试件固化。将三个重复试样脱模后的平均应变作为干燥收缩应变。

3) 微观结构测试

对砂浆样品进行 X 射线衍射（XRD）试验（采用布鲁克 D8 Advance X 射线能谱仪）。XRD 扫描[Cu(K$_\alpha$)源，k=0.154 nm]步长为 0.02°，在 10°和 60°(2θ)之间进行扫描。为了进行 SEM 分析，样品被包裹在环氧树脂中，抛光并溅射涂上 Pt/Pd 层。此外采用 FEI quanta FEG 250 场发射扫描电子显微镜和电子能量色散光谱仪（EDS）进行元素分析。

7.2 砂浆特性及细微观组成分析

7.2.1 超细疏浚砂对砂浆力学性能影响的研究

7S3F 和 3S7F 砂浆的 28 d 抗压强度如图 7-1(a)所示。7S3F 砂浆整体抗压强度显著高于 3S7F 砂浆，与前人的研究结果相同。矿渣和粉煤灰用量的比值是影响疏浚砂砂浆力学性能的一个重要因素[162]。Ismail 等人[163]的研究表明，碱矿渣砂浆和水工混凝土在养护 28 d 后，抗压强度随着粉煤灰/矿渣比的增加而逐渐降低。抗压强度降低可能是由不同类型反应产物的形成引起的。碱活性渣体系形成的主要反应产物为 Ca/Si 比值低(0.8～1.1)的 C-A-S-H 凝胶[164-165]，而粉煤灰一般形成无定形的铝硅酸盐凝胶[166-167]。此外，人们普遍认为，粉煤灰在碱性条件下的反应性低于矿渣，这也可能是导致高粉煤灰掺量的疏浚砂砂浆抗压强度降低的原因。

然而，7S3F 和 3S7F 砂浆抗压强度随疏浚砂掺量的变化趋势是类似的。抗压强度随疏浚砂掺量的增加先上升后减小。对于 28 d 抗压强度，7S3F 砂浆在疏浚砂掺量 25%时达到最高点，为 69.6 MPa，相比于不添加疏浚砂的对照组提升了5%。当疏浚砂掺量为 50%时，7S3F 砂浆强度相比于对照组下降了 11%，为 59 MPa。当疏浚砂掺量达到 75%和 100%时，砂浆的抗压强度相比于对照组分别下降了 21%和 28%。同样的，3S7F 砂浆在疏浚砂掺量为 25%时达到最高点，为 26.6 MPa，相比于不添加疏浚砂的对照组提升了 4%。而当疏浚砂掺量为 50%时，3S7F 砂浆强度与对照组相比非常接近。当疏浚砂掺量达到 75%和 100%时，相比于对照组砂浆抗压强度分别下降了 25%和 40%。

研究结果表明，25%～50%的疏浚砂掺量对于疏浚砂砂浆强度的影响很小，甚至有提升效果。这是因为疏浚超细砂是非常精细和规则的细砂，加入了疏浚超细砂后可以使胶砂结构更加致密而导致了砂浆抗压强度增加。而当掺量增加到了

75％之后强度会急剧下降。这是因为疏浚超细砂细颗粒多，比表面积大，导致疏浚砂砂浆需水量大，薄弱的界面层也会增多，从而导致砂浆强度降低。除此之外，在试验过程中也发现一旦疏浚砂掺量超过50％，疏浚砂砂浆的和易性和流动性也急剧下降，这说明疏浚砂的合适的掺量不应超过50％。

7S3F和3S7F砂浆28 d的抗折强度如图7-1(b)所示。与抗压强度发展类似，疏浚砂砂浆的抗折强度也有随疏浚砂掺量的增加呈先增大后减小的趋势。在0～100％的疏浚砂掺量范围内，7S3F砂浆抗折强度变化范围为6.3～9.4 MPa，25％掺量下达到最大抗折强度，相比对照组提高了3.3％。而3S7F砂浆在28 d的抗折强度变化范围为2.1～5.1 MPa，同样在25％掺量时达到了最大抗折强度，相比对照组提高了12％。总体而言，7S3F和3S7F砂浆的抗折强度分别介于抗压强度的13％～15％和14％～19％之间。而普通硅酸盐水泥砂浆的折压比(抗折强度与抗压强度的比值)一般为9％～12％，因此疏浚砂砂浆折压比高于普通砂浆的折压比，这与之前的研究结果相符，Nath和Sarker[168]报道，在抗压强度相近的情况下，疏浚砂砂浆的抗折强度高于普通硅酸盐水泥混凝土的抗折强度。

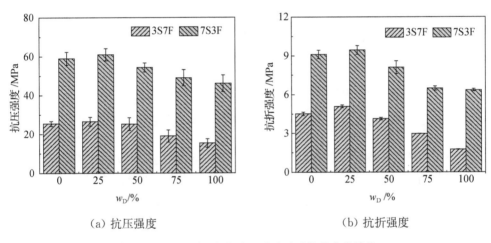

(a) 抗压强度　　　　　　　　　　　　(b) 抗折强度

图7-1　不同DS替代率下疏浚砂砂浆的力学性能

图7-2展现了不同疏浚砂掺量的疏浚砂砂浆抗压强度发展过程，各龄期强度被转化为相对于28 d强度的归一化值。由图7-2可以直观地看到疏浚砂砂浆有明显的早强性，但是7S3F和3S7F砂浆具有不同的强度发展特征。以粉煤灰为主的3S7F砂浆在1 d龄期内强度发展较快。在1 d时砂浆强度最高能够发展到30％以上。3 d时砂浆强度平均值在38％左右。对于后期强度发展，3S7F砂浆相对于以矿粉为主的7S3F砂浆，其强度发展曲线更加平缓。然而，以矿粉为主的7S3F砂浆在1 d时的整体强度发展不高，其中对照组强度发展程度最高，达到18％，而100％DS掺量组强度最低，仅达到28 d强度的4％。然而7S3F砂浆在

1~3 d 龄期的时间内强度上升迅速,所有组的强度都达到了 60% 以上。这是由于与粉煤灰相比,矿粉的反应活性更高,因此在早期的水化反应速率更大,产生了更加致密的内部结构。值得注意的是,随着疏浚砂掺量的增加,疏浚砂砂浆的早强性能减弱。众所周知,疏浚砂砂浆的强度主要与内部水化程度有关,换言之,疏浚砂砂浆掺加疏浚超细砂似乎会减缓早龄期的水化速率。另外,在 28 d 之后,7S3F 混合物的强度变化不大甚至出现下降,而 3S7F 的强度则仍然能够增长。

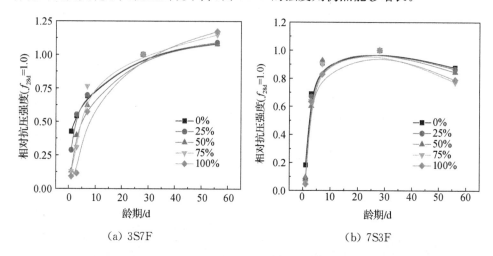

(a) 3S7F　　　　　　　　　　　(b) 7S3F

图 7 - 2　DS 替代率对不同龄期疏浚砂砂浆力学性能的影响

7.2.2　超细疏浚砂对砂浆干密度和吸水率的研究

7S3F 和 3S7F 砂浆的干密度如图 7 - 3 所示。随着疏浚砂掺量的增加,7S3F 和 3S7F 砂浆的干密度变化范围分别为 2 453~2 460 kg/m³ 和 2 320~2 326 kg/m³。总体而言,3S7F 砂浆的密度略低于 7S3F 砂浆。值得注意的是,随着疏浚砂掺量的增加,7S3F 和 3S7F 的密度都随之降低,掺量为 100% 时,3S7F 砂浆密度降低了 12.29%,而 7S3F 砂浆密度只降低了 6.45%。整体来看 7S3F 的密度更高,这可能是因为矿粉比粉煤灰水化程度更高,整体结构更加致密,而二者随着疏浚砂掺量的增加而密度降低的原因则是疏浚超细砂的加入使砂浆整体的流动性变得更差,振动台难以振实,导致砂浆中有许多大中型孔洞。

吸水性是研究力学性能和耐久性的最重要的关键参数之一,吸水性的降低表明基体具有更密实的孔隙结构。图 7 - 3 显示了不同疏浚砂掺量下,不同的 3S7F 和 7S3F 砂浆的吸水率。总体来说,7S3F 砂浆的吸水率显著小于 3S7F 砂浆的吸水率。7S3F 砂浆的吸水率在 3.5% 左右,而 3S7F 砂浆的吸水率接近 10%。不同体系下吸水率的差异性是由不同的水化产物造成的。碱矿渣体系中形成的主要反应产物是结构致密的 C-A-S-H 凝胶,但使用粉煤灰时得到的是高孔隙率的 N-A-S-H 凝胶[169]。随着粉煤灰含量的增加,N-A-S-H 凝胶的含量增加,C-A-S-H 凝胶的含量减少。微观结构和主要反应产物由致密的 C-A-S-H 凝胶转变为多孔的 N-A-S-H 凝胶,导致孔隙率上升,吸水率上升[170]。

两种体系下的疏浚砂砂浆吸水率随着疏浚砂掺量的增加而增加,且 3S7F 砂浆吸水率的变化幅度远远大于 7S3F 砂浆。3S7F 砂浆添加疏浚砂后吸水率最高增大了4.2%,而 7S3F 砂浆吸水率最高增幅仅为 1.81%。过量的疏浚砂添加会增加疏浚砂砂浆的吸水率,这主要是由于疏浚砂可导致多孔结构。对于 3S7F 砂浆而言,疏浚砂掺量对吸水率影响较大,这可能由于低活性的疏浚砂的添加造成矿渣粉煤灰进行了较少的地质聚合过程。随着疏浚砂掺量的增加砂浆流动性降低,则导致其内部有更多的大中型孔隙,形成了更多的连通孔隙。这一观察结果与力学测试中获得的结果一致。另外,对于 7S3F 砂浆吸水率而言,疏浚砂掺量增加对其影响则非常有限,0 掺量时矿粉砂浆吸水率仅有 2.9%,掺量从 0 增加至 100%,吸水率仅增加1.8%。决定吸水率的关键是反应产物和堆积密度。随着疏浚砂掺量上升,7S3F 砂浆密度的变化和 3S7F 砂浆是接近的,但是吸水率的变化却是 7S3F 砂浆远远低于 3S7F 砂浆,这表明矿粉颗粒的高火山灰活性在机制中形成了额外的 C-A-S-H 凝胶,从而形成了致密结构,没有过多的连通孔隙,所以吸水率增加有限。

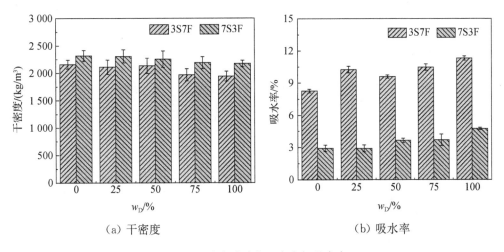

（a）干密度 （b）吸水率

图 7-3 疏浚砂砂浆干密度与吸水率

7.2.3 超细疏浚砂对砂浆干燥收缩的研究

尽管研究者们在疏浚砂砂浆的水化过程、微观结构以及它们和力学性能的关系上开展了广泛的研究,但是关于疏浚砂砂浆收缩性能的研究却仍有缺失。在之前的研究中研究了矿渣和粉煤灰比例对混凝土收缩的影响。而不同的研究结果之间存在一些分歧。一些研究结果表明，混凝土的收缩会随着矿渣含量的提高而增加。而另一些研究则表明，矿渣的含量越高，干燥收缩率越低。Collins 和 Sanjayan[171] 认为，与普通硅酸盐水泥（OPC）相比，疏浚砂砂浆黏合剂在中孔区域（2～50 nm）具有更细的孔结构，这一特征可能导致疏浚砂砂浆在相同相对湿度（RH）下具有更高的饱和度，以及相应的更大程度的干燥收缩。叶等人[172] 的工作记录了矿渣混凝土收缩行为中的时间相关效应，分析了干燥诱导蠕变可能是矿渣高收缩的主要原因[172-173]。

图 7-4 为 3S7F 砂浆在普通室内条件下的干燥收缩的结果。作为参考，OPC 的典型干燥收缩极限为 400～450 $\mu\varepsilon$。对于所有混合物，测量持续 6 周以上，直至干缩量无明显增加。在测量期间，所有的砂浆都出现质量减少并收缩的现象。5 种疏浚砂砂浆混合物均收缩显著，在脱模后和随后 6 d 的室温养护期间，最大的干缩量达 4 625 $\mu\varepsilon$，超过 OPC 的收缩量。当干缩趋于稳定时，所有室温固化 3S7F 混合物的收缩率都很高，约为 OPC 的 10 倍。总体来说，3S7F 混合物干缩量随着疏浚砂掺量的增加先增大后减小。干缩量在疏浚砂掺量为 25% 时达到最大值，56 d 龄期时达到了 7 625 $\mu\varepsilon$，而其他 4 组最终的干缩量则较为接近，从小到大排列的顺序为 3S7F75、3S7F100、3S7F50、3S7F0，干缩量在 5 593～6 206 $\mu\varepsilon$ 范围内。对于 3S7F 砂浆来说，其主要干缩量依然都集中在前 20 d 内，前 6 d 的干缩量超过了总干缩量的 50%，而在 20 d 之后，试件的干缩量很小，仅占总干缩量的 10% 左右。试验结果显示，对于室温下固化的 3S7F 混合物，虽然疏浚砂的掺加提高了砂浆的强度，但是其干缩量也大大提高了，这可能会影响其耐久性。除了 25% 掺量组外，其他掺量下的疏浚砂对于疏浚砂砂浆的干缩量影响不显著。25% 掺量下，干缩量增长了 28%，而 50%、75% 和 100% 掺量下，砂浆干缩量相比对照组分别下降了 2%、9% 和 5%。

图 7-5 为 7S3F 砂浆在普通室内条件下的干燥收缩和质量损失的结果。对于 7S3F 砂浆来说，5 种混合物随时间的干缩变化表现出相同的特点，即干缩在前期发展较快，尤其是脱模后养护的 3 d 内，而后变慢。干缩量在 20 d 之后趋于稳定。在 3 d 时，7S3F0、7S3F25、7S3F50、7S3F75 和 7S3F100 的干缩量分别占各自总干缩量的 45%、42%、43%、39% 和 38%。跟 3S7F 砂浆不同的是，7S3F 砂浆干缩量随疏浚砂掺量的增加先减小后增大。干缩量在掺量为 25% 时是最小的，到 45 d 龄期时仅为 2 294 $\mu\varepsilon$。在矿粉砂浆组中，最终干缩量最大的是 100% 疏浚砂掺量组，为 7 117 $\mu\varepsilon$。此外，除了 7S3F50 组和 7S3F0 对照组的干缩量相近之外，其他组的干缩量都存在明显的差异。表明疏浚砂掺量对干缩有显著影响。100% 掺量组相比对照组，干缩量提高了 1.2 倍；75% 掺量组相比对照组，干缩量提高了 60%；而 25% 掺量组相比对照组，干缩量则下降了 26%。

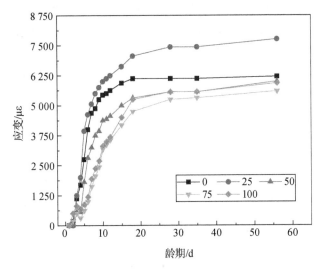

图 7-4　不同 DS 掺量下 3S7F 砂浆干缩曲线

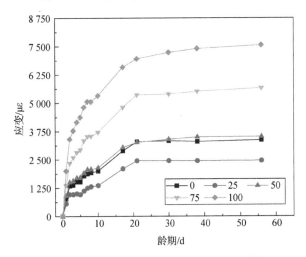

图 7-5　不同 DS 掺量下 7S3F 砂浆干缩曲线

　　试验结果表明,对于 3S7F 砂浆和 7S3F 砂浆,疏浚砂的添加可以有效减小干缩。但是不同的胶凝体系下抑制干缩的疏浚砂掺量有所不同。7S3F 砂浆的干缩量明显小于 3S7F 砂浆的干缩量。且对试件进行定性观察可以发现,在疏浚砂较少的 25％和 50％替代组,3S7F 砂浆的试件更坚韧。干缩稳定后观察试件表面发现,3S7F 试件表面裂缝不明显,而富含矿渣的 7S3F 试件在养护过程中易开裂,这种明显的脆性是由于富矿渣浆体低孔隙率和质量传输造成的相当大的内部水分梯度和收缩梯度,这种梯度会导致试件表面产生拉应力和开裂。同时,富含粉煤灰的膏体具有更高的孔隙率,使其干燥(和达到平衡)更快,内部水分梯度不显著。这种开裂趋势和收缩值表明,在实际约束条件下,富矿渣体系极易发生开裂,危及水工混凝土结构的正常使用,适量添加疏浚砂可以有效减小这种收缩。

多孔材料中的三种主要收缩机制是毛细管压力(由于水的损失和毛细管孔中弯月面的形成而产生)、固体表面之间分离压力的损失(由它们之间水分的解吸引起)和吉布斯-班汉效应(由水的解吸和固体表面能的增加引起)。众所周知,在高相对湿度(70%)下干燥收缩的主要原因是毛细管应力,而在较低相对湿度下,吉布斯-班汉效应和分离压力变得更加主导[174]。对于矿渣为主的 7S3F 和粉煤灰为主的 3S7F 来说,疏浚砂掺量和强度的关系是相似的,但是疏浚砂掺量和收缩的关系却恰恰相反。富矿渣体系中,最高强度组的收缩量最小,而 3S7F 疏浚砂砂浆中最高强度组的收缩量最大。在富矿渣体系中,最高强度组表现出最小的收缩应变,这与前人的研究结果一致[175]。其收缩主要是由于内压作用下吸收的水分和凝胶的扩散所致。富矿渣浆体由于低孔隙率和质量传递而产生收缩应力和收缩梯度。这种高梯度值是导致富矿渣试件表面的拉伸应力和开裂的主要原因。然而,富矿渣体系和 3S7F 体系的不同之处可能由多种原因造成,主要的原因可能是孔隙结构不同。孔隙的大小分布广泛,从大毛细孔或大孔(孔径>50 nm)到中孔(孔径 2～50 nm)和微孔(孔径<2 nm)。Mindess 等人[174]指出,中孔和微孔会影响浆体的收缩,因为这些孔的干燥会产生显著的毛细管应力。通常,孔隙尺寸越细,孔隙流体蒸发的幅度和速率越低。更高的收缩率意味着更多的孔隙能够对固体骨架施加收缩诱导毛细作用力,从而产生更大的干燥收缩。试验结果显示了富含粉煤灰的浆体具有高得多的孔隙率,孔径更粗,导致浆体快速干燥(并达到平衡)而不产生显著的内部湿度梯度,干燥后质量损失更大[175]。但是当适量疏浚砂加入浆体后,内部的孔隙结构变细,孔隙结构的比表面积增大,更多的孔隙能够对固体骨架施加诱导毛细作用力,产生更大的干燥收缩。而矿渣体系本身孔隙结构有较大的比表面积,加入疏浚砂,有效增大了砂浆的密实度,抑制了水分的流失,从而干缩减小。另外,两种体系不同的收缩特征还可能是由于它们的水化产物的性质之间的差异,即铝硅酸钠凝胶(N-A-S-H)与水化硅铝酸钙凝胶(C-A-S-H)之间的差异。3S7F 体系的 C-A-S-H 产物中的夹层或水合水可能更容易解吸[176-177]。疏浚砂填充密实后,减小了胶凝材料的解聚作用。因此适量加入胶凝材料,对于抑制富矿渣体系的干缩有益。

7.2.4　超细疏浚砂对砂浆矿物学成分影响研究

图 7-6 显示了水化 3 d 后硬化混合物的 XRD 图,用来研究混合物的矿物学成分。残余粉煤灰中的莫来石和石英是最显著的结晶相。以 3F7S0 试样为例,在

20°～35°(2θ)间有很宽的特征峰,表明此时疏浚砂砂浆内部为相对无定形的反应产物,应该为排列较差的 C-S-H 型凝胶,其结构接近结晶托贝莫来石 [Ca₅Si₆O₁₆(OH)₂],这与在碱活化底渣系统中观察到的产物一致[178]。研究认为粉煤灰和矿渣颗粒周围"相对均匀"的反应产物是一种 Al 取代的硅酸钙水化物 (C,N)-A-S-H,其结构介于交联的 N-A-S-H 凝胶和线性的 C-S-H 凝胶之间[179]。最近的一项研究再次表明,碱活化粉煤灰/矿渣混合物中形成的凝胶取决于原料[169],凝胶被定义为"杂化(C,N)A-S-H",要么是由钙取代 N-A-S-(H)型凝胶,要么是由钠吸附或取代链交联硅酸盐 C-A-S-H 凝胶[158]。矿渣掺入碱硅酸盐活性粉煤灰引入了钙源,使凝胶更加无序,甚至难以通过水热转化成晶相。尽管如此,少量的晶相也存在于样品中,因此结晶和无定形 C-S-H 水化产物将未反应和部分反应的矿渣颗粒结合成黏性物质,在强化硬化浆体方面起着重要作用。然而在水化产物中难以发现类似羟硅钠钙石和类似纤硅钙石的 C-S-H 凝胶。此外在疏浚砂砂浆中很可能形成少量水滑石[Mg₆Al₂(CO₃)(OH)₁₆·4H₂O],从 35°(2θ)弱衍射峰中可以发现这一点,这与其他研究中的结果一致[168,178,180]。因此从整体上看,衍射图显示的主要反应产物是无定形化合物。这是因为碱活化的水化产物是一种低结晶硅酸钙水化物(C-S-H),主要把矿渣的碱活化产物和粉煤灰的无定形碱性硅酸铝作为一种沸石凝胶[180]。

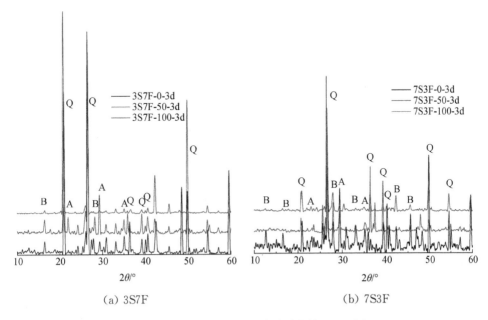

(a) 3S7F   (b) 7S3F

图 7-6　不同 DS 掺量下疏浚砂砂浆的 XRD 分析

(Q=石英;M=莫来石;A=水化硅酸钙;B=类沸石晶体)

XRD 分析表明,在疏浚砂砂浆中,石英(SiO_2)是存在的主晶相。然而,随着 DS 掺量的增加,观察到石英的峰强度呈现降低的趋势。这可能是由于石英在强碱中发生了轻微变化。可以假设这种变化对于粒径更细的石英颗粒更加明显,因为其具有更大的与强碱介质接触的表面积,而这一现象需要更进一步的试验验证。此外,结果显示,C-A-S-H 峰的强度也随着 DS 掺量的增加而减小。7S3F 砂浆和 3S7F 砂浆都存在这一情况。这表明,DS 的加入可能抑制了凝胶产物的生成。这是由于在新拌砂浆中,疏浚砂的掺入使得浆体的流动性变差,因此从矿渣和粉煤灰扩散出来的硅酸根离子不能充分扩散,仅仅是在颗粒表面停留,而表面覆盖的凝胶产物会阻碍颗粒的进一步溶解,抑制凝胶的形成和黏结剂的发展。这可能是高疏浚砂置换水平下,砂浆硬化后抗压强度较低的主要原因。

7.2.5 超细疏浚砂对砂浆微观结构研究

1) 不同胶凝材料体系的微观结构

图 7-7(a)、(c)的 SEM 图像显示了 3S7F 混合物在 3 d、28 d 的微观结构发展,图 7-7(b)、(d)显示了水化产物的 EDS 元素分析结果。在 3 d 的微观结构中观察到非均匀的、非均相的硅酸铝凝胶基质,另外还有许多未反应/部分反应的 FA 球状颗粒。这是由未反应的粉煤灰颗粒组成的,这些颗粒从地质聚合物黏合剂中分离出来,表明凝胶和颗粒之间的黏附性很弱。在粉煤灰球体周围发现了一些随机取向的片状晶体,很可能是羟基方钠石。从图中可以看出,粉煤灰颗粒的表面不断产生细密反应产物,且逐渐形成了一层壳。这是由于硅酸钠作为激发剂,使粉煤灰中的可溶性相溶解,从而从粉煤灰颗粒表面释放出氧化铝和二氧化硅。然后这些释放的相与来自激发剂的碱反应,在粉煤灰表面凝结形成铝硅酸盐凝胶壳[181-182]。3 d 龄期时,大量未反应的粉煤灰颗粒(反应产物沉淀在其球状面上)表明反应程度仅为低至中等,基质呈现疏松多孔的特征。激发剂也可能会在粉煤灰颗粒表面形成一层较薄的反应产物,降低了其进一步活化的速率,如图 7-7(a)所示。当粉煤灰颗粒完全被铝硅酸盐凝胶包裹时,虽然 OH⁻ 浓度较大,但晶体的进一步生长速度较慢。进一步的活化速率是由未反应粉煤灰颗粒周围包裹的反应产物厚度以及 pH 梯度控制的。

通过 EDS 分析计算了 3S7F 的平均钙硅比和铝硅比。含有矿渣体系的 C-S-H 凝胶与普通硅酸盐水泥浆体中的 C-S-H 凝胶存在的差异主要表现为低 Ca/Si,且 Al、Mg 和 Na 会夹杂在凝胶的层间结构中,同时两者的微观形貌也差别较大。铝硅比是碱性活化材料中决定地质聚合物凝胶性能的最重要因素。在地聚合物网络中引入四面体铝,即使是少量加入也会增加聚合相并稳定结构[183]。此外,Al/Si 比值决定了地聚合物主链的结构。在本研究中,在 1~28 d 期间,随着时间增长观察到3S7F混合物中的Al/Si比值随着龄期的延长而提高,由3 d时的0.43增加到28 d时的0.70,基质的聚合度也相应提高。这表明地质聚合过程在前28 d龄期内一直存在,凝胶不断形成。从图7-7中可以看到,28 d龄期时,3S7F中未反应FA颗粒的数量有所减少,凝胶已经扩散到覆盖层表面,并将剩余部分反应的FA球状颗粒聚结在一起。凝胶还填充内部空隙,导致形成半均匀、高度致密的微观结构。这进一步证实了地质聚合和凝胶形成的存在。Al/Si比值的提高,加上这种半均匀致密的微观结构,被认为是3S7F在后期性能不断改善的原因。

此外试验结果显示,3S7F内Ca/Si比值随着龄期的增大有减小的趋势,由3 d时的0.96左右降低至28 d时的0.76。这一比值范围与水泥体系中的Ca/Si值有显著的差异。有研究指出,水泥体系中高Ca/Si比值变化范围较大,一般在1.2~2.3范围内[184-185]。而碱活化矿渣体系中Ca/Si比值一般在0.9~1.2之间[186-187]。因此,水玻璃活化矿渣体系的钙硅比远低于水泥体系。

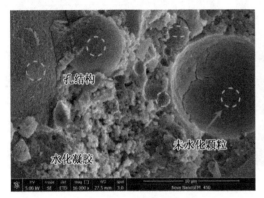

(a) 3S7F—3 d龄期—SEM

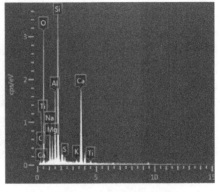

(b) 3S7F—3 d龄期—EDS

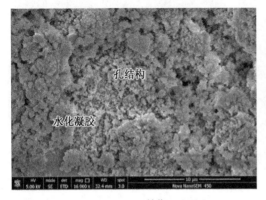

(c) 3S7F—28 d龄期—SEM

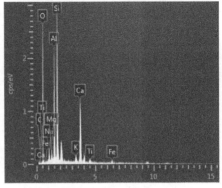

(d) 3S7F—28 d龄期—EDS

图7-7　3S7F砂浆SEM分析图

图 7-8 中分别显示两个不同龄期 7S3F 样本的微观结构。总体来说,7S3F 砂浆基质比 3S7F 砂浆要密实得多,在显微照片中不能把个别的渣粒分离出来。7S3F 混合物在 3 d 龄期时,与粉煤灰为主原料的砂浆相比,形成的反应产物更致密、均匀。从图中可以看到,在 28 d 龄期时基质非常致密,存在的孔隙较少,但同时基质中也存在一些微裂缝,可能是水化物干缩造成的。另外,存在部分反应产物呈纤维状或片状,表明此时 C-S-H 凝胶的钙硅比较高(约 1.27)。与粉煤灰反应产物铝硅比(约 0.76)相比,反应产物的 Al/Si 比值较低(约 0.45),这可能与矿渣中氧化铝含量较低有关。此外 EDX 光谱发现,随着龄期的增加,水化产物的平均 Al/Si 比值由 0.39 上升至 0.45,而 Ca/Si 比值略有下降,从 1.27 下降至 1.24。

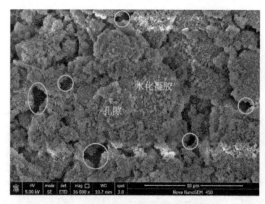

(a) 7S3F—3 d 龄期—SEM

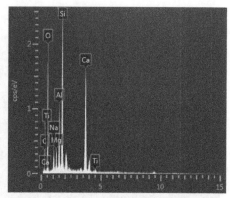

(b) 7S3F—3 d 龄期—EDS

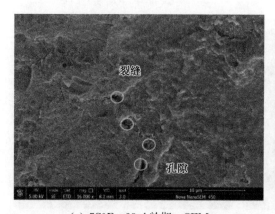

(c) 7S3F—28 d 龄期—SEM

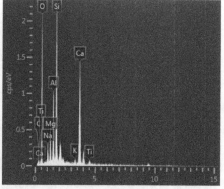

(d) 7S3F—28 d 龄期—EDS

图 7-8　7S3F 砂浆 SEM 分析图

7S3F 砂浆在强度和成分(尤其是钙的存在)上与含粉煤灰的活性膏体有显著差异。这表明由这两种原料形成的反应产物在结构和组成上有很大的不同。研究表明,凝胶性质取决于钙、氧化铝和二氧化硅的快速释放、相互作用和凝胶化。C-S-H 凝胶中 Ca/Si 比值的降低会导致凝胶的体积模量显著增加,较低的 Ca/Si 比值可能导致更高的模量[188],而替换或掺入 Al 不会改变凝胶的体积模量[189]。N-(C)-A-S-H 凝胶是由碱活化粉煤灰颗粒制备的,其 Al 含量较高,Al/Si 比值为 0.6~1.0。C-(N)-A-S-H 水化物具有较低的 Al/Si 比值,并具有由 Ca-O 取代的部分交联结构。相对较低的 Al/Si 比值是由于交联的 C-(N)-A-S-H 与 Al 结构结合的能力相对较低,导致交联结构较小[178]。

2) 不同砂掺量下的微观结构

采用电子显微镜扫描图对 0%、50% 和 100% 不同疏浚砂掺量组下砂浆的微观结构发展进行比较,如图 7-9 所示为不同疏浚砂掺量下的 7S3F 砂浆 28 d 时的电子显微镜扫描图。观察电子显微镜下基质的形貌可以发现,随着疏浚砂的加入,反应产物生成量逐渐降低,孔隙结构越明显,抗压强度越低。对于 0% 掺量下的砂浆,在第 28 d 可以看到一个相对密实的凝胶基质。浆体的整体形貌致密,其中部分未反应的矿渣被水化产物包裹。矿粉水化产生的凝胶多呈颗粒状堆积在骨料表面。在基质中,大部分矿渣和粉煤灰颗粒已被碱液部分溶解,与活化剂溶液中的二氧化硅形成了大量 C-A-S-H 凝胶。此外,沉淀凝胶中还嵌有部分溶解的颗粒,这些部分及其与基体之间的界面被视为薄弱环节,因此其对水工混凝土的整体强度有重要影响。可以观察到微裂纹分布于凝胶基体中,这是因为粉煤灰主要为 N-A-S-H 凝胶。在硬化后 28 d 时,可以观察到基质中存在裂纹,这些微裂纹是 20~50 μm 级的,这是由于在初始阶段颗粒和碱性活化剂之间的快速反应产生的应力造成的。而随着疏浚砂掺量的增大,混合物的微观结构发生显著变化。在 50% 疏浚砂掺量的基质中,发现基质中产生的凝胶相明显减少,骨料上附着的凝胶层较薄,因此骨料间很多空隙并未被填满,基质中呈现较多孔洞。而在 100% 疏浚砂的基质中,凝胶含量大大减少,骨料上几乎见不到随机堆积的絮状凝胶,基质中的 C-S-H 呈箔状形态覆盖在渣粒表面。在 3S7F 混合物中出现了类似的情况。这表明,疏浚砂的掺入会导致凝胶的减少,这可能也是造成其强度下降的原因,该结果与之前 XRD 得到的结果吻合。

(a) 疏浚砂砂浆(0％DS 掺量)

(b) 疏浚砂砂浆(50％DS 掺量)

(c) 疏浚砂砂浆(100％DS 掺量)

图 7-9　不同疏浚砂掺量下砂浆 SEM 分析图

7.3　本章小结

本章节研究了 DS 替代细骨料后砂浆性能的变化规律,并分别分析了 DS 对 7S3F 和 3S7F 两种不同胶凝体系砂浆的影响。对砂浆的抗压强度和抗弯强度进行了评价,研究了砂浆的力学性能。通过测定砂浆的干缩性和吸水率,研究了砂浆的耐久性。主要工作内容和成果如下:

(1) 随着疏浚砂掺量的增加,疏浚砂砂浆强度先增加后下降。对于粉煤灰为主的 3S7F 砂浆,25％DS 的掺入使得强度提升了 5％左右,抗折强度提升了 3％。对于矿粉为主的 7S3F 砂浆,25％DS 的掺入使得抗压强度提升了 4％,抗折强度提高了 12％。

(2) 矿粉为主的砂浆比 3S7F 砂浆的密度更大,吸水率更小,表明相比于 3S7F 砂浆,矿粉为主的砂浆具有更加细致的孔隙结构。随着疏浚砂的掺入,疏浚砂砂浆的密度呈现减小趋势。

（3）对于3S7F砂浆，随着疏浚砂掺入量的增加其干缩量先增大后减小，掺量为25％时干缩量达到最大。然而对于7S3F砂浆，疏浚砂掺入量的增加使其干缩量先减小后增大，25％的疏浚砂掺入显著缩小了其干缩量。

（4）XRD测试结果显示疏浚砂砂浆内部主要为相对无定形的反应产物，包括C-A-S-H凝胶和N-A-S-H凝胶。C-A-S-H峰的强度也随着DS含量的增加而减小。7S3F砂浆和3S7F砂浆都存在这一情况。

（5）7S3F砂浆硬化后28 d时，可以观察到基质中存在的裂纹。在50％疏浚砂掺量的砂浆中发现产生的凝胶相明显减少，骨料上附着的凝胶层较薄，因此骨料间很多空隙并未被填满，基质中呈现较多孔洞。而在100％疏浚砂掺量的基质中，凝胶含量大大减少，骨料上几乎见不到随机堆积的絮状凝胶，基质中的C-S-H呈箔状形态覆盖在渣粒表面。

8 超细疏浚砂水工混凝土配合比优化研究

混凝土作为建筑工程中最常用的建筑材料,对生态资源有很大的影响。绿色混凝土是一种环保混凝土材料,不仅在生产过程中减少了自然环境的生态负荷,而且与人类赖以生存的生态系统相协调,可用于建筑活动[190]。水泥是混凝土所用的黏结材料,其生产过程中会有大量二氧化碳被释放到大气中,对环境构成了巨大威胁。另外,骨料在混凝土中起着至关重要的作用,混凝土约占总体积的 60% ~ 75% ,其中细骨料占 35%[191]。在可持续基础设施发展中对优质材料特别是河砂存在巨大的需求,巨大的需求量使得河砂资源面临枯竭。如果能在生产水工混凝土的过程中利用长江下游的疏浚砂,将在减少水泥需求的同时减少对河砂资源的消耗,同时大大降低材料成本。但是疏浚砂加入的同时也会使这种新型绿色混凝土的性能受到影响。如上所述,砂率、疏浚砂掺量和骨料含量是影响疏浚砂水工混凝土配合比设计的重要参数,可以采用各种方法来设计具有相同性能但对环境更加有益的混凝土。可以通过使用数学或统计方法优化混凝土的配合比设计来实现。Limeira 等[192]使用颗粒堆积法优化了 NC 和 HPC 的混合比例。Sheehan 等[193]使用统计设计的混合试验来确定优化高性能混凝土性能的最佳因素设置。此外,掺加废弃铸造砂的绿色混凝土的配合比可以使用基因表达程序设计方法进行优化[194]。

本章使用多目标优化技术来调整混凝土中的砂率、疏浚砂掺量及骨料含量,运用响应面技术中的中心复合设计(CCD)方法,在最大化利用疏浚砂的条件下获得可接受的混凝土的工作性能和力学性能,并通过与试验结果的比较,验证模型的准确性,为尽可能利用疏浚砂来获得更具生态效益的水工混凝土提供基础。

8.1 试验设置

8.1.1 试验材料

本研究中使用的粉煤灰的比表面积为 260 m^2/kg,密度为 2 100 kg/m^3。为了活化原材料,选择了工业级、清澈无色且黏稠的硅酸钠(Na_2SiO_3)溶液。其中,模数为 1.8,SiO_2 与 Na_2O 的质量比为 2.1,水含量为 52%。将粒度为 2.36~15.5 mm 的碎玄武岩用作粗骨料。根据 ASTM C127—88 标准,测量粗细骨料的体积比重、饱和表观密度、表观密度和吸水率,结果如表 8-1 所示。粗细骨料的粒度分布如图 8-1

所示。

表 8-1　粗细骨料的物理特性

| | 细骨料 | | 粗骨料 |
	DS	NS	
表观密度/(g/mm³)	2.69	2.61	2.92
饱和表观密度/(g/mm³)	2.63	2.52	2.87
细度模数	0.16	2.26	—
吸水率/%	4.5	3.41	1.4

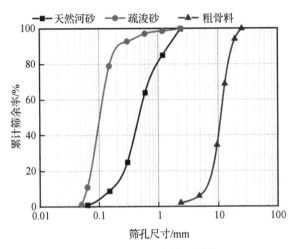

图 8-1　粗细骨料级配曲线

8.1.2　混合物和试验程序

　　所有水工混凝土按照 ASTM C192 标准在动力驱动的搅拌机中混合,并在混合时加入高效减水剂。减水剂的添加量按固定的胶凝材料质量的 0.5% 添加。搅拌完成后开始浇筑尺寸为 100 mm×100 mm×100 mm 的立方体水工混凝土试件。在铸造样品后,用土工布覆盖模制样品,并在铸造室中放置 24 h。然后拆模并放入标准养护室中养护。通过一台可施加 300 kN 荷载的压力试验机来评估每种混合物立方体试件的强度特性(按 GB/T 50081—2019 标准评估)。水工混凝土的强度测量在 7 d、28 d 和 90 d 的龄期进行。在 28 d 龄期时,测试来自每种混合物的 3 个试件的吸水率(按 GB/T 50081—2019 标准测试)。首先测量每个试件的干质量,然后通过完全浸没的方法来确定试件的吸水率。试件在(105±5) ℃的烘箱中干燥至恒重。此后,将它们完全浸入水中 72 h,擦干样品表面水分后并测量质量。在 28 d 龄期时,对每种混合物的 3 个试件进行测试,并记录平均值。

8.1.3 试验设计和统计学模型

响应面法(RSM)作为一种确定参数与响应关系的有效工具,已被广泛应用。响应面模型法可用少量试验数据点构建稳健模型,并进一步评估因素之间的相互作用效果。设计专家软件(版本11.0.0)被用作设计试验和统计分析的辅助工具。本研究采取响应面分析(RSM)技术中最实用、最常用的CCD设计方法[195]。如图8-2所示,CCD为二水平析因设计,数据点的选择包括:① 两级阶乘或分数阶乘点,表示立方体的顶点为所有编码值为1或−1的可能组合(k 个因子 CCD 有 2^k 个);② 被称为星点的轴向点位于立方体每个面的中心,与中心的距离为 α,给出了在试验可行区域内旋转的可能性($2k$);③ 最后是中心点,在立方体的中心,其所有变量的编码值为 $0^{[196]}$。

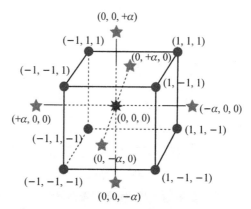

图 8-2 CCD 中因子点、轴向点和中心点的图式表示

选取了不同的砂(SA)率、骨灰比(CA/C)、疏浚砂(DS)替代率,分别被指定为 X_1、X_2、X_3,来综合考虑这些重要参数对水工混凝土性能的影响。它们的变化不仅影响新拌水工混凝土工作性能、$f_{c,7d}$、$f_{c,28d}$ 和 $f_{c,90d}$,还影响硬化水工混凝土的吸水率值。因此,工作性能、$f_{c,7d}$、$f_{c,28d}$、$f_{c,90d}$ 和吸水率被选为主要响应变量,并分别被指定为 Y_1、Y_2、Y_3、Y_4 和 Y_5。本试验定义的过程变量以及它们的实际和编码级别边界如表8-2所示。

表 8-2 各因素的编码边界和实际值

符号		变化范围		
实际	编码	−1	0	1
砂/骨料	X_1	0.28	0.30	0.32
疏浚砂/砂子	X_2	0.20	0.40	0.60
骨料/胶材	X_3	3.0	3.3	3.6

从表 8 - 2 可以看到,砂率变量水平假设在 0.28~0.32 范围内,疏浚砂掺量水平为 0.2~0.6,CA/C 水平为 3.0~3.6。表 8 - 3 显示了本研究中制备的 19 组不同的水工混凝土混合物,以确定疏浚砂及砂率等配合比如何影响水工混凝土性能,并获得最优性能的配合比。按照内掺法用疏浚砂替代细骨料。采用二次响应面方程(二次多项式方程)对结果进行统计分析[197],可表示为:

$$Y = \beta_0 + \sum_{i=1}^{k} \beta_i X_i + \sum_{i=1}^{k} \beta_{ii} X2_i + \sum_{i=1}^{k} \sum_{j=1}^{k} \beta_{ij} X_i X_j + \varepsilon_0 \qquad (8-1)$$

式中:Y——预测响应或目标函数(工作性、$f_{c,7d}$、$f_{c,28d}$、$f_{c,90d}$ 和吸水率);

X_i 和 X_j——自变量;

$\beta_0, \beta_i, \beta_{ii}, \beta_{ij}$——回归系数;

k——维度空间;

ε_0——预测响应中观察到的噪声或误差。

经过统计计算,发现二次模型准确地拟合了所有的反应,然后对二次模型进行方差分析。对于每个响应,评估多重相关系数(R^2)、调整后的 R^2、预测的 R^2、标准偏差、变异系数。基于 F 检验和 p 值分析了所建议模型的线性(A、B 和 C)、二次(A2、B2 和 C2)和相互作用项(AB、BC 和 AC)显著性。p 值小于 0.05 的模型术语(Model Term)非常重要。相对于纯误差而言,失拟误差(Lack of Fit)并不显著。此外,对所有响应的 3D 响应和等高线图形式的模型图进行了分析。最后,在执行多目标优化后,得到了建议的最佳区域,以最终确定具有所需拌和的具有力学特性的混合物。

8.2　配合比优化研究

8.2.1　回归模型

本研究的输入有效变量(X_1,X_2 和 X_3)及其输出响应($Y_1 \sim Y_5$)如表 8 - 3 所示。随后,对每个响应进行方差分析,来判断输入变量和输出响应之间的统计显著关系。在得到方差分析结果后,观察到二次模型对所有的反应都具有统计学意义。表 8 - 4 显示了包括 X_1、X_2 和 X_3 的模型统计数据。各种统计术语的解释及其意义可在相关文章介绍中找到[198]。Y_1、Y_2、Y_3、Y_4 和 Y_5 的模型 F 值分别为 58.67、43.39、21.65、33.84 和 39.45。上述模型的 F 值表明,所有五个模型的 p 值均小于 0.05。对于响应 Y_1 至 Y_5,相对于纯误差而言,拟合 F 值的缺乏并不显著。不显著的欠拟合证实了所有反应的选定模型是显著的[196]。R2 为第三类(部分),即在计算单个项的平方和之前考虑了所有模型项。

表 8-3 设计要点及相应的响应

组	X_1	X_2	X_3	响应 Y_1	响应 Y_2	响应 Y_3	响应 Y_4	响应 Y_5
1	0	0	0	102	30.2	42	45.4	0.043
2	−1	1	1	98	24.7	36	40.1	0.038
3	0	1.68	0	32	27.06	38	43.8	0.047
4	−1	−1	−1	211	37	45	58	0.013
5	0	0	0	100	31	42.5	46.1	0.042
6	1	1	1	38	29.73	40	48.2	0.035
7	−1	1	−1	128	34.36	44.56	52.9	0.025
8	0	0	0	114	29.5	40	45.1	0.043
9	0	0	0	115	29.5	44	46.7	0.045
10	0	−1.68	0	198	33.6	48.2	53.2	0.013
11	−1	−1	1	103	27.5	38.33	50.1	0.015
12	1	−1	−1	216	31.96	43.5	51.4	0.026
13	1	1	−1	28	26.75	37.46	47.8	0.032
14	1.68	0	0	61	29.2	43.43	49.5	0.028
15	0	0	0	113	32	41.5	42.9	0.045
16	1	−1	1	63	32.53	47.3	54.2	0.018
17	−1.68	0	0	135	32	41	50.3	0.024
18	0	0	−1.68	165	33.1333	44.0333	57.2	0.022
19	0	0	1.68	40	28	40	50.5	0.018

表 8-4 模型的统计数据

响应	来源	平方和	均方	F 值	p 值	是否重要
	模型	59 005	9 834.181	58.666	<0.000 1	重要
	残余	2 011.5	167.629			
Y_1(slump)	失拟	1 804.7	225.593	4.364	0.085 6	不重要
	纯误差	206.8	51.700			
	总计	61 017				

响应	来源	平方和	均方	F 值	p 值	是否重要
$Y_2(f_{c,7d})$	模型	156.63	26.105	43.385	<0.000 1	重要
	残余	7.220 5	0.602			
	失拟	2.648 5	0.331	0.290	0.936 0	不重要
	纯误差	4.572	1.143			
	总计	163.85				
$Y_3(f_{c,28d})$	模型	177.61	29.602	21.648	<0.000 1	重要
	残余	16.409	1.367			
	失拟	7.908 7	0.989	0.465	0.834 2	不重要
	纯误差	8.5	2.125			
	总计	194.02				
$Y_4(f_{c,90d})$	模型	394.73	43.859	33.844	<0.000 1	重要
	残余	11.663	1.296			
	失拟	3.271 3	0.654	0.312	0.883 4	不重要
	纯误差	8.392	2.098			
	总计	406.4				
Y_5（吸水率）	模型	0.002 5	0.000	39.451	<0.000 1	重要
	残余	6E-05	0.000			
	失拟	6E-05	0.000	6.204	0.050 7	不重要
	纯误差	7E-06	0.000			
	总计	0.002 5				

p 值小于 0.05 的模型术语被认为是重要术语，大于 0.100 0 的值表示模型项最不重要（Kockal 和 Ozturan[199]）。从表 8-4 中可以看到，所有三个因素（X_1，X_2，X_3）中的每一个都对 Slump、$f_{c,7d}$、$f_{c,28d}$、$f_{c,90d}$ 和吸水率有单独影响，而且观察到这些变量存在一定的交互作用（$p \leqslant 0.1$），$f_{c,90d}$ 和吸水率有二次效应，这两个响应都和耐久性有关，因此具有一致性，而在其他响应中未观察到二次效应（$p \geqslant 0.1$）。$f_{c,90d}$ 和吸水率的统计模型考虑了相互作用效应（X_1X_2、X_2X_3 和 X_1X_3）和二次效应（X_{12}、X_{22} 和 X_{32}）。表 8-4 给出了对应于三个独立变量的线性、二次和交互作用系数、截距以及每个响应的 p 值。因此，通过 CCD 分析，总共提出了 5 个回归模型，其中考虑了一阶（X_1、X_2、X_3）、交互作用效应（X_1X_2、X_2X_3 和 X_1X_3）以及二次

效应的显著项(X_{12}、X_{22} 和 X_{32})($p < 0.005$)。回归模型($Y_1 \sim Y_5$)由以下方程以及从方差分析中获得的统计参数表示。

$$y_{\text{slump}} = 108.421 - 23.391\,x_1 - 42.482\,x_2 - 35.969\,x_3 - 15.625\,x_1\,x_2 - 0.624\,x_1\,x_3 + 30.125\,x_2\,x_3$$

$$(8-2)$$

$$y_{f_{c,7d}} = 30.51 - 0.534\,x_1 - 1.79\,x_2 - 1.78\,x_3 - 0.322\,x_1\,x_2 + 2.84\,x_1\,x_3 + 0.281\,x_2\,x_3$$

$$(8-3)$$

$$y_{f_{c,28d}} = 41.94 - 0.619\,x_1 - 2.43\,x_2 - 1.15\,x_3 - 1.32\,x_1\,x_2 - 2.7\,x_1\,x_3 + 0.395\,x_2\,x_3$$

$$(8-4)$$

$$y_{f_{c,90d}} = 45.27 - 0.062\,x_1 - 2.97\,x_2 - 2.11\,x_3 + 0.687\,x_1\,x_2 + 2.99\,x_1\,x_3 - 0.912\,x_2\,x_3 + 1.49x_1^2 + 0.993\,4x_2^2 + 2.88x_3^2$$

$$(8-5)$$

$$y_{\text{WA}} = 0.044 + 0.002x_1 + 0.008\,3x_2 + 0.000\,2x_3 - 0.001\,4x_1x_2 - 0.002\,6x_1x_3 + 0.002\,8x_2x_3 - 0.005\,9x_1^2 - 0.004\,5x_2^2 - 0.008\,2x_3^2$$

$$(8-6)$$

这里显示观测数据和建议模型之间良好兼容性的回归系数是可接受的。如表 8-5 所示,所有四个响应的变异系数值均小于 10%,这表明所有模型都具有合理的再现性。还观察了多种相关系数(R^2)来分析设计的试验。所有响应的 R^2 值在 0.9 到 0.99 之间,这表明试验结果和预测响应之间有很强的相关性。对于响应 $Y_1 \sim Y_4$,预测的 R^2 之间的差异小于 0.2,这是可取的,并显示了设计模型的合理一致性。

表 8-5 由模型的 ANOVA (方差分析)得出的统计参数

响应	CV	R^2	调整后的 R^2	预测的 R^2	信噪比
Y_1	8.942	0.967	0.951	0.826	25.919
Y_2	2.542	0.956	0.934	0.881	25.839
Y_3	2.788	0.915	0.873	0.783	17.315
Y_4	2.317	0.971	0.943	0.904	21.184
Y_5	8.791	0.975	0.951	0.829	16.575

8.2.2　响应诊断

图 8-3 显示了正态概率图中的残差。正态概率图上残差基本为一条直线,虽然有轻微偏差,但证明正态假设是有效的。试验结果与拟合模型具有良好的一致性。图 8-4 表明随着坍落度值的上升,预测值对应的残差随机分布,表明数据样本较好。图 8-5 显示了预测值与实际值的关系图。图中显示,试验结果与拟合模型具有令人满意的一致性。应该注意的是,这里给出的图像仅涉及 Y_1(坍落度),对于所有其他响应面,相应的诊断显示了类似的结果,因此这里没有重复列出。三维响应面及其分析能进一步了解输入因素的影响,这将在下一节中给出。

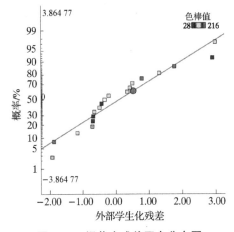

图 8-3　坍落度残差正态分布图

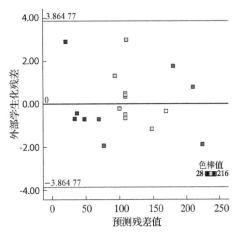

图 8-4　坍落度对应残差值的分布

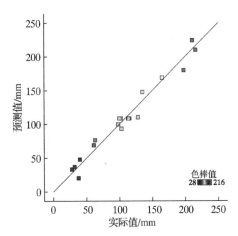

图 8-5　坍落度预测值与实际值比较

8.2.3 响应面分析

1) 工作性能响应面

分析各输入因素对工作性能的影响,给出了扰动图(图8-6),扰动图显示了有效输入变量 SA (X_1)、DS(X_2)和 CA/C(X_3)变化后模型的灵敏度。曲线的曲率代表每个响应的灵敏度。为了最好地将结果可视化,将疏浚砂掺量和砂率对坍落度流动的影响清楚地呈现在三维图中(图8-7)。对于本研究中的混合物,在坍落度流动试验中未观察到离析/泌水问题。对于疏浚砂水工混凝土(在试验变量范围内),按照降序排列,坍落度受 DS、CA/C、SA 的耦合效应和相互作用的影响。与其他变量相比,疏浚砂掺量对坍落度具有更大的影响。坍落度随着疏浚砂的增加而显著减少,这是由于疏浚砂具有更小的粒径,因此更大的比表面积降低了新拌水工混凝土的流动性并增加了需水量[200-202]。此外,研究发现水工混凝土的流动性还很大程度上取决于粗骨料的含量,坍落度随着粗骨料含量的增加而减小。之前的研究结果显示,当添加粗骨料时,虽然添加了减水剂,但将粗骨料含量增加到60%以上会导致水工混凝土坍落度值降低[203]。Tran-Duc 等[204]发现水工混凝土的有效屈服应力和有效塑性黏度都随着粗骨料含量的增加而增加。在高的砂率和粗骨料含量下,较少的胶凝材料使水工混凝土流动性变差。图8-6还显示,SA 增加也会导致工作性能下降,但响应曲线的最高和最低值分别出现在 86 mm 和 132 mm 处,这意味着 SA 变化引起的坍落度变化不显著。该结果与前人的研究结果相符[205]。对于许多不同的疏浚砂掺量和粗骨料含量,可以获得 10 cm 的平均坍落度值。

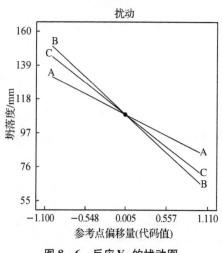

图8-6 反应 Y_1 的扰动图

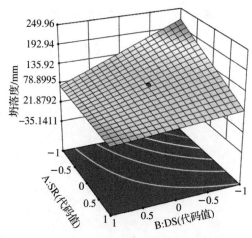

图8-7 响应 Y_1 的三维响应面图

2) 强度响应面分析

图8-8~图8-13显示了所研究的所有水工混凝土混合料的 7 d、28 d 和90 d

龄期的抗压强度结果。抗压试验的结果表明,砂掺量对抗压试验结果存在显著影响,抗压强度随着砂掺量的增大而降低。这是由于疏浚砂的超细粒径改变了骨料的级配,使得骨料间出现了较大空隙。此外粗骨料含量的上升也会导致 7 d 强度的下降,这可能是由于胶凝材料的相对减少,因此早期的强度会下降。SA 值对 7 d 抗压强度影响不大,这与之前的研究结果一致[205]。此外,强度结果显示砂率和粗骨料含量具有很强的耦合效应。当配合比由低 CA/C、低 SA 变为高 CA/C、高 SA 时,强度表现为先减小后增大。而配合比由低 CA/C、高 SA 调为高 CA/C、低 SA 时,强度表现为先增大后减小。前人也得到了类似的试验结果[203]。骨料对水工混凝土起着骨架作用,水工混凝土的强度取决于骨料、浆体以及浆体基体和骨料之间的界面黏结强度。水工混凝土的抗压强度随着砂率和粗骨料含量的共同调整而增加,这可能是由于颗粒骨架体系密实性的增强提高了水工混凝土的抗压强度。这些结果与前人[206]的结论相一致。研究结果表明对于水工混凝土而言,不仅水灰比决定着抗压强度,颗粒骨架体系也起着至关重要的作用。

对比 28 d 和 90 d 强度,可以发现水工混凝土强度随着龄期的增长而增长。响应面的规律大致相似,但也存在一些区别。研究发现,7 d 龄期时,具有较小砂率和粗骨料含量的配合比具有最优越的抗压强度,这可能是由于较多的胶凝材料含量导致早期的强度发展较为迅速。但是,龄期达到 28 d 时,砂率较大且粗骨料含量较大使得强度有较大提升。Meddah[206]等的研究表明超过 7 d,抗压强度的提高似乎更多地受到水工混凝土混合物颗粒骨架的密实度的影响,而不是浆体特性的影响。这一现象表明,或许存在一种减少胶凝材料使用的方式来获得相近的力学性能,这与前人关于最优骨料密实度的研究结果相符[207]。

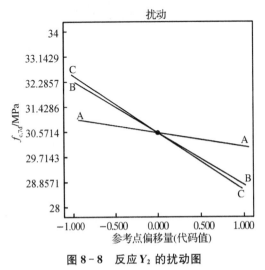

图 8-8 反应 Y_2 的扰动图

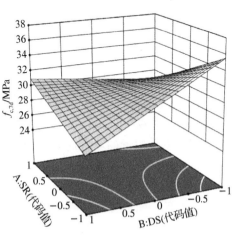

图 8-9 响应 Y_2 的三维响应面图

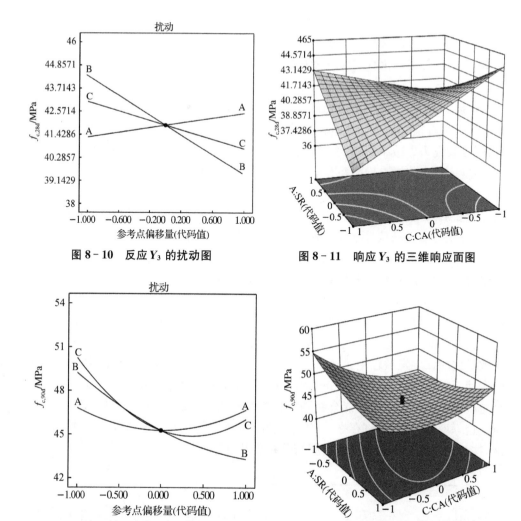

图 8-10　反应 Y_3 的扰动图

图 8-11　响应 Y_3 的三维响应面图

图 8-12　反应 Y_4 的扰动图

图 8-13　响应 Y_4 的三维响应面图

3) 吸水率的响应面分析

图 8-14、图 8-15 显示了所研究的所有水工混凝土混合料的吸水率结果。吸水率的结果表明,砂掺量对试件的吸水率存在显著影响,砂掺量在 20%～50% 时,吸水率随着砂掺量的增大而降低,在疏浚砂掺量为 50%～60% 时,吸水率随砂掺量增加略微减少。这表明疏浚砂的掺入会对试件的孔隙结构产生重要的影响。此外,随着粗骨料的含量上升,吸水率先上升后下降,砂率的变化与吸水率变化相似。该结果与前人研究结果相符[203]。这表明合适的骨料级配能够有效减小试件孔隙率,获得更加密实的结构。粗骨料含量、砂率和疏浚砂掺量之间具有强耦合作用,当疏浚砂掺量减少时,响应面数值整体下降且响应面峰值向高 SA、低 CA 方向偏

移。疏浚砂掺量增多时,响应面峰值向低 SA、高 CA 方向偏移。这表明疏浚砂的掺入确实改变了骨料级配,导致 SA 和 CA 值也发生了变化。

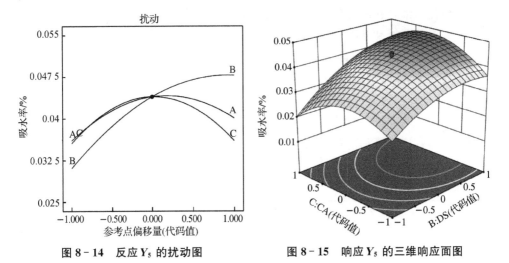

图 8-14 反应 Y_5 的扰动图　　　　图 8-15 响应 Y_5 的三维响应面图

8.2.4 优化与验证

在建立了多种响应的模型后,进行多目标优化,以找出生态高效的疏浚砂水工混凝土配合比。一般来说,通过数值优化探索设计空间、所有响应要求的最优解的最佳方案。使用在最后分析阶段拟合的模型,基于全局合意性函数进行数值优化[208]:

$$D=(d_1^{r_1} \cdot d_2^{r_2} \cdot d_3^{r_3} \cdot \cdots \cdot d_{n'}^{r_n})^{\frac{1}{\sum r_i}}=\Big[\prod_{i=1}^{n} d_i^{r_i}\Big]^{\frac{1}{\sum r_i}} \qquad (8-7)$$

其中 n 是优化过程中包含的自变量(factors)和因变量(responses)的数量。在本研究中,除了同时优化流动度、$f_{c,7d}$、$f_{c,28d}$、$f_{c,90d}$、吸水率这 5 个响应外,还采用了 3 个自变量,即疏浚砂掺量、SA 和 CA 含量。d_i 代表单个变量(因素和响应)的 desirability 函数,值域为 0(非期望)~1(期望)。优化方案的合意性等于所有单独取值(individual desirability)的几何平均(The geometric mean)。期望值接近 1 表示优化方案非常接近优化目标。响应(因变量)和因子的目标可以是给定的选择之一,例如"最大化""最小化""目标""在范围内",在目前的研究中,$f_{c,7d}$、$f_{c,28d}$、$f_{c,90d}$被"最大化",吸水率被"最小化",坍落度被希望大于 80 mm,表示具有高工作性能的最小坍落度值[209]。本研究的主要目的是最大限度利用废弃疏浚砂资源,因此,疏浚砂掺量被"最大化",其他因素(CA 和 SA)都被保持在"范围内"。优化结果表明,50% 左右的疏浚砂掺量在水工混凝土配合比中具有最高的期望性,这将导致最小的吸水率、最大的强度以及较合适的流动性(表8-6)。图8-16显示了最佳疏浚砂掺量下基于标准的合意性三维视图。根据 graphical optimization 能够更直观地选择最佳粗细骨料的参数。从图中可以看出合意性随着 SA 和 CA 含量的降低而升高。根据试拌和从 Design-Expert software 获得的优化结果,50%左右疏浚砂掺量(在本例中)可用于制备具有足够强度和工作性能的疏浚砂水工混凝土。这表明这些废弃疏浚砂具有大规模利用于绿色水工混凝土生产的潜力。基于模型的结果,对最佳设计参数进行额外的试验,以确认预测模型的准确性。所有的实验都是按照前面描述的方法进行的。试验结果与预测结果有很好的一致性,在该图中,可以观察到所有测量值都落在对应于 95%置信水平的预测区间的限度内。

表8-6　试验和预测模型的响应结果进行最优配合比设计

响应	坍落度/mm	$f_{c,7d}$/MPa	$f_{c,28d}$/MPa	$f_{c,90d}$/MPa	吸水率/%
预测	153.2	35.3	45.0	54.2	2.6
实验	147.5	34.4	47.1	56.5	2.7
误差/%	3.72	2.55	4.67—	4.24	3.85

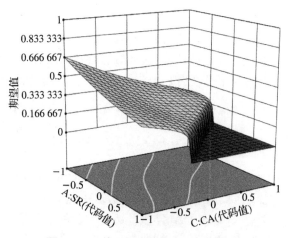

图8-16　基于标准的混合比例可取性

8.3　本章小结

本章通过试验结合多目标优化技术,调整了混凝土中的砂率、疏浚砂掺量及骨料含量,实现了在最大化利用疏浚砂的条件下达到获得可接受的混凝土工作性能和力学性能的目标,并进行了试验验证。主要工作内容和成果如下:

（1）开展了不同砂率、疏浚砂掺量及骨料含量混凝土的性能试验，通过响应面回归模型，给出了在所选的较宽的 DS 掺量范围内的混凝土新拌和硬化特性的测试。方差分析结果表明，所有模型参数的 p 值很小，具有统计学意义。

（2）疏浚砂的加入显著降低了疏浚砂水工混凝土的新拌性能。当 DS 掺量增加（高达 0.43）时，坍落度流动值降低。此外粗骨料含量对于水工混凝土具有明显的影响，粗骨料含量增加，坍落度值会降低。砂率对混凝土流动性的影响较小。

（3）对于强度来说，疏浚砂水工混凝土的强度随着疏浚砂的加入而降低。粗骨料含量对于早期强度的影响较大，对后期强度的影响较小。砂率与粗骨料含量有很强的耦合作用，合理的砂率和粗骨料含量可以在减少胶凝材料组分的条件下使混凝土保持相近的强度。疏浚砂的加入会改变最优的砂率和粗骨料含量。

（4）吸水率随着疏浚砂的加入先减小后增大。良好的骨料级配能够显著改善水工混凝土的孔隙结构，从而降低水工混凝土的吸水率。

（5）与传统的混合设计技术相比，采用多目标优化技术的混合疏浚砂水工混凝土设计具有较大的优势。采用响应面法，可以通过使用许多不同的混合物来获得目标性能。模型预测结果与试验结果的比较表明，该统计模型可以很好地预测新混合物的性质。

9 超细疏浚砂对水工混凝土静动态力学性能影响研究

将长江疏浚砂加入混凝土中可以实现胶凝材料和骨料的双重绿色化生产，用以制备新型生态混凝土。分析养护制度对掺有超细疏浚砂的水工混凝土的影响，研究超细疏浚砂对水工混凝土静动态力学性能的影响规律，对在水工混凝土工程中使用疏浚砂替代河砂的分析和设计具有重要意义。不仅如此，在服役期间，水工混凝土在水下受到围压的作用，其结构往往处于复杂的应力状态，混凝土也会承受相应的循环荷载，因此探究不同疏浚砂掺量混凝土在三轴单调循环加载下的受力情况是非常必要的。

为此，本章以超细疏浚砂为原料，根据第 8 章得到的最佳配合比制备水工混凝土，设计 5 种不同疏浚砂掺量的水工混凝土配合比，并根据水下围压的不同设置围压变量，开展长江下游航道超细疏浚砂对水工混凝土的静动态力学性能影响的研究。

9.1 超细疏浚砂对水工混凝土静态力学性能的影响

9.1.1 试验方法及配合比

1) 试验方法

本研究中的水工混凝土（HC）抗压和劈拉试验参照《混凝土物理力学性能试验方法标准》（GB/T 50081—2019）[210]，测试不同工况下水工混凝土的密度、吸水率，利用液压式压缩试验机对水工混凝土的 28 d 抗压、劈拉强度进行测定，水工混凝土养护后，在不同龄期分别对其进行测试，试验采用 100 mm×100 mm×100 mm 的立方体试件，每组 3 个试件。采用 FEI Quanta FEG 250 场发射扫描电子显微镜（SEM）和布鲁克 D8 Advance X 射线能谱仪观察水化产物和界面区结构的微观形貌。压汞试验使用由美国麦克仪器公司生产的 AutoPore V9600 全自动压汞仪。

2) 配合比设计

按照疏浚砂占细骨料的质量百分比选取了 5 种不同的疏浚砂掺量 w_D，分别为 0%、25%、50%、75%、100%，按照一定的配合比称取疏浚砂、矿粉、粉煤灰、Na_2O 等材料，蒸养制度采用升温 1 h，恒温 5 h，降温 1 h。具体的配合比如表 9-1 所示。

表 9-1 不同疏浚砂掺量的水工混凝土配合比

	石子/ (kg/m³)	疏浚砂/ (kg/m³)	河砂/ (kg/m³)	粉煤灰/ (kg/m³)	矿渣/ (kg/m³)	碱当量	水/ (kg/m³)	减水剂/ %
HC0	1 125	0	606	150	350	4%	155	0.87
HC25	1 125	151.5	454	150	350	4%	155	0.87
HC50	1 125	189	189	150	350	4%	155	0.87
HC75	1 125	454	151.5	150	350	4%	155	0.87
HC100	1 125	606	0	150	350	4%	155	0.87

9.1.2　试验结果及分析

1) 疏浚砂水工混凝土抗压性能

图 9-1 所示为不同疏浚砂掺量 w_D 下,疏浚砂水工混凝土抗压强度随龄期变化情况。疏浚砂水工混凝土的 3 d 抗压强度随疏浚砂掺量的增加呈现先增大后减小的趋势,且掺入疏浚砂的试件的抗压强度大于未掺入疏浚砂的对照组,100%疏浚砂替代组的抗压强度也比对照组的高 8.6%。另外,疏浚砂水工混凝土的早期强度增长很快,3 d 强度即达到了 28 d 强度的 60%~70%。这体现了混凝土的早强特性[211]。疏浚砂掺量为 50%的试件在养护第 3 d 时强度最高,达到了 40.7 MPa。在试验 7 d 时掺入疏浚砂的疏浚砂水工混凝土的抗压强度达到了 28 d 强度的 80%左右。其中 75%疏浚砂掺量的疏浚砂水工混凝土的 7 d 强度相比 3 d 强度大幅提高 18%,强度达到 43.3 MPa,与强度最高的 50%砂掺量组非常接近。掺入疏浚砂试件的 7 d 强度均高于对照组。28 d 强度试验结果显示:疏浚砂水工混凝土的抗压强度随疏浚砂掺量的提升先增高后下降,疏浚砂掺量为 50%的试件抗压强度达到最大,相比对照组的强度提升了 8%左右,为 54.6 MPa;当疏浚砂掺量为 100%时,试件抗压强度低于对照组,为 46.63 MPa。这与 Siddique 等[212]研究的结果一致。他们分析了用细砂颗粒分别替代 10%、20%和 30%细骨料的水工混凝土混合料的力学性能。结果发现,随着含砂量的增加,水工混凝土的抗压强度分别比对照组提高了 4.25%、5.2%和 9.8%。掺入颗粒粒径较小的细砂使得水工混凝土内部粗细骨料之间微小间隙被填充得更加均匀、密实。另外,相比于普通砂浆,细砂颗粒由于比表面积大,其吸水率比普通砂更大,因此会吸附更多胶浆中的水分,导致真实水灰比偏低[213],当砂掺量适量时水工混凝土抗压强度有所提高。但是随着疏浚砂掺量的提升,砂的吸水量提升,最终水工混凝土浆量不足造成流动性下降。水工混凝土在振捣过程中不易被振捣密实,因此产生较大孔隙[214]。同时

水泥砂浆中胶浆无法完全包裹砂粒表面,导致砂浆黏聚性降低,从而降低了抗压强度。图9-2为全疏浚砂和全普通砂水工混凝土试件的破坏断裂面。可见,无疏浚砂掺加的试件其破坏断面较平整,断面上大部分骨料呈断裂破碎。而对于全疏浚砂水工混凝土试件,其基体断裂表面呈现凹凸不平的特征,部分骨料被拖出,其骨料浆体无法完全包裹骨料,使骨料与浆体之间的连接较为薄弱,削弱了硬化浆体对骨料的握裹力。

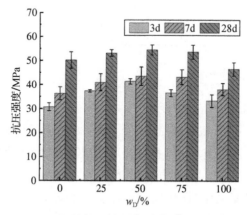

图9-1 不同疏浚砂掺量水工混凝土的抗压强度

(a) HC100　　　　　　　　　　　(b) HC0

图9-2 不同细骨料的水工混凝土试件压缩破坏断裂面

2)疏浚砂水工混凝土劈拉强度

图9-3为不同龄期的疏浚砂水工混凝土劈裂抗拉强度随疏浚砂掺量的变化情况。可以看到,与疏浚砂的抗压强度变化规律相似,试件的劈裂抗拉强度随着疏浚砂掺量的增加先增大后减小,且试件7 d劈拉强度即达到了28 d劈拉强度的

70%～80%。HC0、HC25、HC50、HC75 和 HC100 的 28 d 平均劈裂抗拉强度分别为 3.6 MPa、3.9 MPa、4.0 MPa、3.7 MPa 和 3.3 MPa。相较于对照组,疏浚砂替代 25%、50%、75% 的细砂骨料后试样的劈裂抗拉强度分别提高了 7.5 个百分点、10.9 个百分点和 2 个百分点。而 100% 疏浚砂替代的试样相比对照组劈裂抗拉强度下降了 10%,因此就疏浚砂水工混凝土的劈裂抗拉强度来说,最佳的疏浚砂替代率为 25%～50%。根据抗压强度的数据,疏浚砂水工混凝土试件的劈裂抗拉强度与抗压强度之比为 7% 左右。Siddique 等[215]观察到细骨料中细颗粒组分适当增加时提升了劈裂抗拉强度,图 9-3 结果显示本研究的试验结果与其研究结果一致。

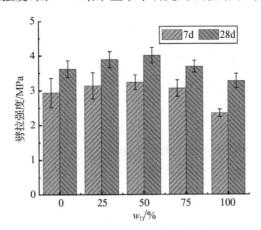

图 9-3　不同疏浚砂掺量疏浚砂水工混凝土的劈拉强度

3) 疏浚砂水工混凝土和易性

图 9-4 为疏浚砂水工混凝土的坍落度随疏浚砂掺量的变化情况。可以看出,坍落度与疏浚砂掺量之间呈负相关关系,随着疏浚砂掺量的增加,疏浚砂水工混凝土的坍落度大大降低。这表明疏浚砂掺量的提高导致水工混凝土和易性下降。未掺入疏浚砂的对照组的坍落度在 200 mm 左右,而当疏浚砂掺量为 25% 时,坍落度为 185 mm,减少了 7%,当疏浚砂掺量增加到 50% 时,水工混凝土坍落度为 125 mm,减少了 37%,当疏浚砂掺量为 75% 时,肉眼可以明显观察到新拌水工混凝土变干,坍落度为 87 mm,减少 58%,当疏浚砂掺量为 100% 时坍落度为 53 mm,水工混凝土基本丧失了流动性。这是由于胶凝浆体的体积固定的条件下,疏浚砂掺量的增加使砂浆内细颗粒增加,进而将会导致出现浆体不足以裹住砂颗粒的情况[216]。从水工混凝土的工作性能出发,优选的疏浚砂掺量在 50% 左右。

4) 疏浚砂水工混凝土密度和吸水率

图 9-5 为不同疏浚砂掺量试样的吸水率和密度情况。吸水率试验用于揭示水工混凝土试样中连通孔隙的含量。试件具有较低的吸水率表明其具有更少的连

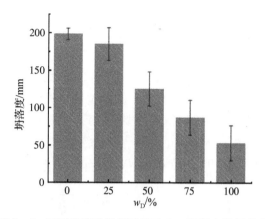

图 9-4　不同疏浚砂掺量疏浚砂水工混凝土的坍落度

通孔隙。图中显示所有的疏浚砂水工混凝土样品的吸水率都接近于 3%。掺量为 100%时的水工混凝土吸水率最大,达到 3.2%。从图中可以看出,随着疏浚砂掺量的增加,吸水率先降低后升高,表明试件内的连通孔洞体积先减小后增大。这可能是因为水工混凝土内部的胶浆对颗粒包裹的状态不同。适量增加疏浚砂可以有助于试件更加密实,减少孔隙,而继续增加疏浚砂掺量则会导致胶浆流动性不足,骨料周围存在较多孔隙和裂缝。试件密度的变化情况与此相一致。如图 9-5 所示,随着疏浚砂掺量的增加,水工混凝土的密度先逐渐增大随后减小。Siddique 等[217]的研究发现细砂替代率的适量增加提高了水工混凝土的耐久性。随着细砂颗粒的增加,混合物的空隙减小,使混合物密度增大。而当疏浚砂掺量超过 50% 时,流动性下降导致振捣密实性下降,水工混凝土中的气孔数量增多。试件的密度变化验证了吸水率试验和强度试验的结果。

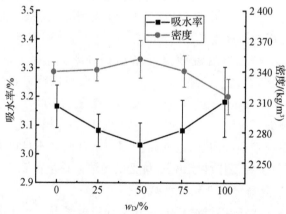

图 9-5　不同疏浚砂掺量疏浚砂水工混凝土的吸水率和密度

9.1.3 超细疏浚砂对水工混凝土三轴力学性能的影响研究

1) 三轴加载破坏形态分析

图 9-6 分别为疏浚砂掺量为 0％和 50％时的水工混凝土在不同围压下单调加载后的破坏形态,在 0 MPa 围压作用下,试样表面有多条竖向裂纹,试样破坏严重,甚至出现压碎成多块的情况。不仅如此,当三轴压缩围压较小时,试样在压碎后,环向位移较大,试样变粗。在 5 MPa 和 10 MPa 围压的限制下,试样表面少有其他裂纹出现,主裂纹也只有一条。围压越大,试样越接近于剪切破坏。从图中可以看出围压越大,水工混凝土的裂缝越少,说明围压抑制了裂缝的发展。有无围压作用对试样内部裂纹发展具有明显影响,随着围压的增加,试样表面可见裂纹逐渐减少,试样的最终破坏由一条贯穿的主裂纹引起,最终试样裂开成为两半,而不会破碎成为很多小的混凝土块。这表明,围压对裂纹的发展具有明显的抑制作用。对比疏浚砂掺量为 0％和 50％时的水工混凝土在相同围压下的破坏形态可以看出,当围压分别为 0 MPa、5 MPa 及 10 MPa 时,其破坏形态差别不大,因此可以认为在三轴加载作用下疏浚砂的掺量对试件的破坏影响小于围压的影响。图 9-6(c)和图 9-6(d)给出了在静、动加载条件下受围压力作用的水工混凝土试样的破坏模式。与相同围压条件下的静态加载相比,动态加载条件下的水工混凝土圆柱破坏

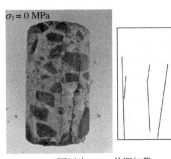

(a) 围压为0 MPa单调加载

(b) 围压为10 MPa单调加载

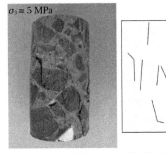

(c) 围压为5 MPa单调加载

(d) 围压为5 MPa循环加载

图 9-6 疏浚砂掺量为 50％时的水工混凝土在不同围压加载下的破坏形态

更严重,局部破坏带更宽。从图中可以看出,与静载试验相比,水工混凝土试件在循环加载后均出现了更多的破裂面。试件在循环荷载作用下,主剪切面均伴有轴向拉伸裂纹。

2) 三轴加载疏浚砂水工混凝土的力学性能分析

(1) 三轴加载疏浚砂水工混凝土的力学性能分析

约束是实际工程中常见的边界条件,地震在世界范围内频繁发生,由此产生的三轴循环加载将对水工混凝土结构的安全运行构成巨大威胁。因此,有必要研究三轴循环加载作用下水工混凝土在不同围压损伤下的变形特征和强度衰减规律。在此基础上,通过三轴循环压缩试验得到围压为 5 MPa 下水工混凝土的应力-应变曲线,如图 9-7 所示。在峰值后阶段,水工混凝土试件可以继续承受循环荷载,直到达到残余强度,这是由于水工混凝土在围压作用下的延性破坏。各循环加卸载应力-应变曲线均表现出明显的塑性滞后环,且随着循环次数的增加,塑性滞后

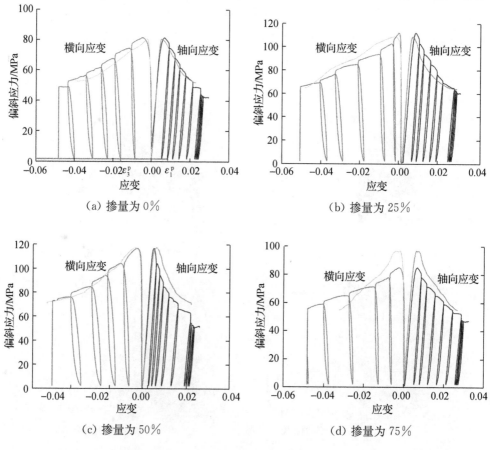

(a) 掺量为 0%　　　　　　　　　(b) 掺量为 25%

(c) 掺量为 50%　　　　　　　　　(d) 掺量为 75%

图 9-7　不同疏浚砂掺量水工混凝土在 5 MPa 围压下循环三轴应力-应变曲线

环面积逐渐减小,表明轴承结构的累积劣化。随着循环加卸载次数的增加,轴向残余应变不断累积,表明随着循环加卸载次数的增加,内部断裂逐渐增加。水工混凝土的损伤范围越来越广,不可逆残余变形越来越大。对比水工混凝土在相同围压下三轴单调和循环加载时的应力-应变曲线,可以得到当水工混凝土在三轴循环加载时,残余应力比三轴单调加载小,这是因为水工混凝土在疲劳荷载下,试样破坏更严重。由于横向应变的数值超过仪器的量程范围,因此残余应力附近处的横向应变没有被采集到。

（2）三轴单调加载峰值应力分析及基本参数演变

图 9-8 为不同疏浚砂掺量水工混凝土三轴单调加载峰值应力随围压的变化。当疏浚砂掺量为 50% 时,水工混凝土峰值强度达到最大,疏浚砂掺量为 50% 时的水工混凝土比机制砂掺量为 0% 的水工混凝土对照组强度提高了 92.68%,这是因为随着疏浚砂掺量的增加,水工混凝土更加密实,孔隙少,骨料间咬合程度好,强度大。当疏浚超细砂的取代率超过 50% 后,随着疏浚超细砂的增加,水工混凝土疏松,强度下降。对不同疏浚砂掺量下水工混凝土峰值强度和围压的数值关系进行计算,发现不同疏浚砂掺量下水工混凝土的峰值强度随着围压的增加呈现线性增长的趋势,拟合系数 R^2 都大于 0.906,说明线性增长趋势明显。

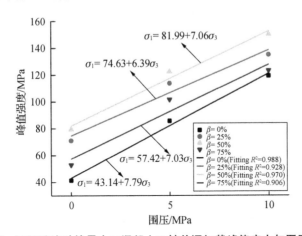

图 9-8　不同疏浚砂掺量水工混凝土三轴单调加载峰值应力与围压的关系

Mohr-Coulomb 失效准则是一种经典的材料理论,可以获得混凝土黏聚力 c 和内摩擦角 φ。Mohr-Coulomb 准则假定当材料某一平面上的剪应力达到极限值后发生剪切破坏,剪切应力与该破坏面上的正应力有关。其在主应力空间的表达式如下：

$$\sigma_1 = Q + K\sigma_3 \tag{9-1}$$

式中:σ_1——最大主应力;

  σ_3——最小主应力;

  Q,K——材料参数,可以用来表示黏聚力及内摩擦角。

根据公式(9-2)和公式(9-3)可以粗略计算出φ和c的值,然后根据不同围压下σ_1和σ_3画出莫尔圆及包络线(图9-9),得到实际的黏聚力c与内摩擦角φ。

$$\varphi=\arcsin\frac{K+1}{K-1} \tag{9-2}$$

$$c=Q\cdot\frac{1-\sin\varphi}{2\cos\varphi} \tag{9-3}$$

由表9-2可知,疏浚砂掺量为50%时,水工混凝土黏聚力最大,摩擦角最小,这是因为疏浚砂粒径小,掺和在水工混凝土中可以避免发生离析现象,增加胶凝材料的黏聚力。但掺和疏浚砂过多,则会导致水工混凝土流动性很小,成型困难,导致水工混凝土的黏聚力降低。根据Mohr-Coulomb强度准则,试样的破坏角一般在66.1°~77.1°间。

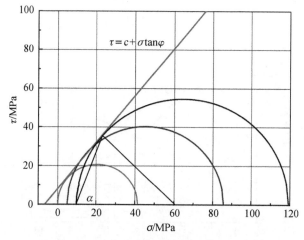

图9-9 疏浚砂水工混凝土的极限莫尔圆与破坏角预测($\beta=0\%$)

表9-2 疏浚砂水工混凝土不同工况下的性能参数

编号	黏聚力/MPa	内摩擦角/°	预测破坏角/°
0%—0			70.3
0%—5	8.06	41.35	69.1
0%—10			69.3

编号	黏聚力/MPa	内摩擦角/°	预测破坏角/°
25%—0			68.7
25%—5	15.24	38.65	68.6
25%—10			68.1
50%—0			71.0
50%—5	16.04	37.95	70.8
50%—10			69.5
75%—0			67.0
75%—5	11.77	40.36	66.1
75%—10			67.2

（3）三轴单调加载脆性指标分析

脆性是混凝土材料的一项重要性质,水工混凝土的脆性对裂纹形成产生较大影响。现有脆性评价的方法较多,包括基于矿物成分的评价方法、基于应力-应变曲线的评价方法、基于统计损伤本构关系的评价方法、基于岩石力学参数的评价方法、基于岩石破裂角度的评价方法和基于岩石硬度及断裂韧度的评价方法等[218]。本研究采用应力-应变曲线表征的能量关系来评价水工混凝土的脆性,即峰值应力处的理想弹性能与峰前总能量之比,见式（9-4）。

$$B_1 = U_{ei}/(U_e + U_p) \tag{9-4}$$

式中,理想弹性能 U_{ei} 及峰前总能量 $U_e + U_p$ 所表示的面积如图9-10所示。图9-11为不同疏浚砂掺量水工混凝土脆性指数与围压的关系,从图中可以看出,不同疏浚砂掺量水工混凝土的脆性指数与围压之间呈较为一致的下降关系,随着围压的增加,水工混凝土的脆性指数 B 减小,这说明围压可以有效地抑制混凝土材料的脆性。不仅如此,随着围压的增加,不同疏浚砂掺量的水工混凝土脆性指标差距减小,此时相对于疏浚砂的掺量来说,围压对水工混凝土的脆性影响更大。

（4）三轴循环加载弹性模量分析

从图9-7中可看出,三轴循环加、卸载过程的变形特征表现出明显记忆性,加、卸载过程的应力-应变外包络线与连续加载的全程应力-应变曲线相吻合,而加、卸载路径不能完全重复,加、卸载应力-应变曲线之间始终具有滞回环,也就是说,应力和应变并不存在一一对应关系。这说明加卸载过程中的弹性模量不一致,三轴压缩作用下弹性模量按下式计算:

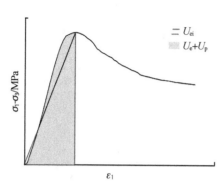

图9-10 峰前应力-应变曲线法

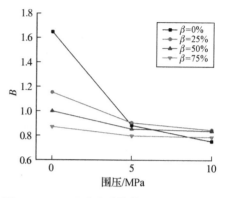

图9-11 不同疏浚砂掺量水工混凝土三轴
压缩脆性指标与围压的关系

$$E=\frac{(\Delta\sigma_1+2\Delta\sigma_3)(\Delta\sigma_1-\Delta\sigma_3)}{\Delta\sigma_3(\Delta\varepsilon_1-2\Delta\varepsilon_3)+\Delta\varepsilon_1\Delta\sigma_1} \tag{9-5}$$

式中：E——弹性模量；

$\Delta\sigma_1$——轴向应力；

$\Delta\sigma_3$——围压的增量。

当围压不变时，$\Delta\sigma_3$ 为 0，则公式变为：

$$E=\frac{\Delta\sigma_1}{\Delta\varepsilon_1} \tag{9-6}$$

图9-12为不同疏浚砂掺量水工混凝土三轴循环加卸载过程弹性模量计算结果，不同疏浚砂掺量水工混凝土的弹性模量与加载路径有关，与加载路径变化趋势一致，大致呈波浪形。达到峰值后随加卸载次数的增加，加卸载的弹性模量均有小幅减小。这说明在循环加载过程中，水工混凝土的刚度逐渐降低。循环加载初期，内部损伤积累迅速，弹性模量衰减速率较大，围压约束作用不明显。随着加载次数的增加，弹性模量的衰减速率逐渐减小，当水工混凝土达到残余应力后，弹性模量变化很小。这是因为当水工混凝土应力达到残余应力后，混凝土裂缝开展完全，同时围压约束阻止了裂缝的进一步发展，抑制了水工混凝土的内部破坏，围压约束效应逐渐增强。

（5）三轴循环加载损伤变量分析

为了量化三轴循环加载过程中疏浚砂水工混凝土的累积损伤，需要定义一个具有明确物理意义的损伤变量，损伤变量 D 可以简单地认为是 0～1 的标量，0 和 1 分别对应未损伤和完全破坏。因此，在前人研究的基础上[219]，利用各滞回线的轴向塑性应变（ε_1^p）来定义损伤变量，其表达式如下：

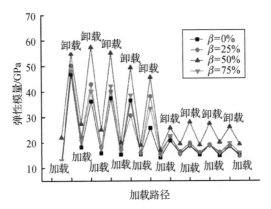

图 9-12 三轴循环加载疏浚砂水工混凝土的弹性模量

$$D = \frac{(\varepsilon_1^p)_i}{(\varepsilon_1^p)_m} \quad\quad\quad (9-7)$$

式中：i——加载循环次数；

m——最大加载循环次数。

如图 9-13，当水工混凝土加载第一循环时，由于在加载初期水工混凝土压实阶段中，较小的力使水工混凝土产生较大的变形，因此当试样达到峰值应力时 ε_1^p 较大，这导致在加载第一循环时，水工混凝土能量损伤较高。在不同围压条件下，第一周期阶段试样的绝对劣化参数最大，即完整试样的第一个峰值损伤最大。当水工混凝土被压密实后，能量损伤逐渐增加。在循环加载前期，损伤累积相对缓慢，随着加载的进行，内部损伤逐渐积累，当达到或超过裂纹扩展所需能量时，内部裂纹迅速发展，导致内部损伤加剧。但在循环加载后期，应力约束抑制了裂纹的进一步发展，导致内部损伤累积速度减慢。当水工混凝土应力达到残余应力后，水工混凝土裂缝开展完全，因此继续加载，水工混凝土的能量损伤变化很小。

3）疏浚砂水工混凝土三轴荷载作用下应力-应变曲线拟合

（1）参数化本构方程

疏浚砂水工混凝土的本构关系曲线主要由上升段与下降段组成。根据前人[220]研究，提出了分段式应力-应变本构方程。

$$\begin{cases} y = ax + (3-2a)x^2 + (2-a)x^3 & 0 \leqslant x \leqslant 1 \\ y = \dfrac{x}{b(x-1)x^2 + x} & x > 1 \end{cases} \quad\quad (9-8)$$

式中：y——σ/σ_p；

x——$\varepsilon/\varepsilon_p$；

a、b——拟合参数。

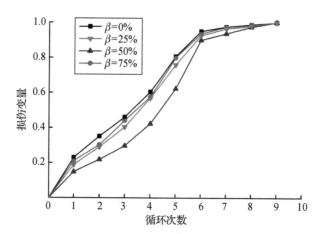

图 9-13 不同疏浚砂掺量水工混凝土荷载循环次数与损伤变量的关系

图 9-14 为拟合参数 a、b 的散点图,将三轴受压状态下试件的应力-应变本构曲线进行统一拟合,得到 $a=0.81$、$b=0.37$,并将其代入式(9-8)得到疏浚砂水工混凝土三轴受压时的参数化本构方程:

$$\begin{cases} y=0.81x+1.38x^2+1.19x^3 & 0 \leqslant x \leqslant 1 \\ y=\dfrac{x}{0.37(x-1)^2+x} & x>1 \end{cases} \tag{9-9}$$

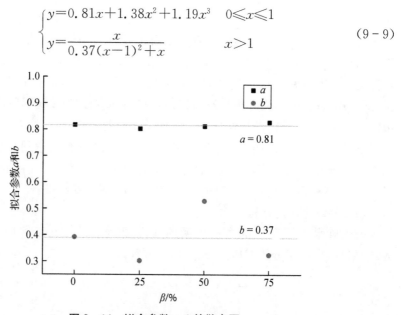

图 9-14 拟合参数 a、b 的散点图

(2)本构方程验证

图 9-15 给出了不同疏浚砂掺量水工混凝土本构关系拟合曲线与试验曲线的对比,拟合曲线与试验应力-应变本构曲线的整体吻合程度较高。

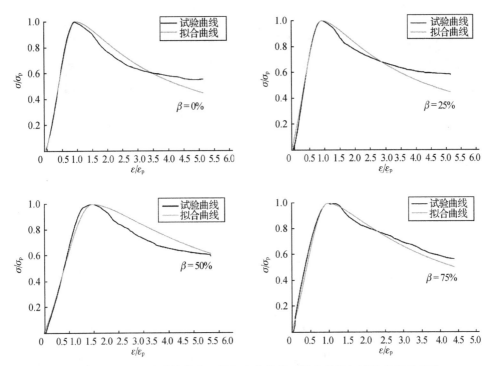

图 9-15　不同疏浚砂掺量水工混凝土本构关系拟合曲线与试验曲线的对比

4) 三轴荷载作用下超细砂水工混凝土裂隙分布及能量机制

(1) 三轴单调及循环加载裂隙分布

图 9-16(a) 和图 9-16(b) 分别是三轴单调加载和循环加载后试样实际表面裂纹图像与 X 射线 CT 扫描表面图像的对比。如图 9-16(b) 所示，CT 值较低的黑色区域表示有裂纹。从图 9-16 可以看出，X 射线 CT 扫描表面图像与实际表面裂纹图像很接近，这说明 X 射线 CT 扫描可以很好地用于水工混凝土三轴材料内部损伤的探测。

借助高分辨率 X 射线计算机断层扫描技术，可以检测疏浚砂掺量为 50% 时水工混凝土试样内部的裂纹模式。在本研究中，四组疏浚砂水工混凝土样品在三轴加载破碎后采用 X 射线 CT 扫描。重建的 CT 图像如图 9-17 所示。在这些图像中，可以观察到当围压为 0 MPa 时，裂缝多出现在骨料与胶凝材料接触面处，这区域在没有围压束缚时相较于其他地方更加脆弱，因此更容易产生裂缝。不仅如此，裂缝大多没有规则且分布于整个横截面，而带围压的试样则在试样内部发生破坏，裂缝穿过骨料，形成主裂缝。图 9-17(a) 组与图 9-17(b) 组和 (c) 组比较，顶面及底面在压缩后破坏更加严重，这是因为由于没有围压的作用，导致试样膨胀严重，因此加重了试样受力。

（a）实际表面裂纹照片

（b）X 线 CT 扫描表面图像

图 9-16　疏浚砂水工混凝土试样三轴单调加载（$\sigma_3 = 0$ MPa、5 MPa 及 10 MPa）及三轴循环加载试验（$\sigma_3 = 5$ MPa）后 X 射线 CT 扫描表面图像与实际表面裂纹图像对比

为了更清楚地观察到裂缝形态与分布，采用图像二值化的方法调整灰度，使得裂缝更加明显，白色区域代表混凝土，而黑色区域代表裂纹。图 9-18(a)组、(b)组和(c)组显示了试样分别在围压为 0 MPa、5 MPa 和 10 MPa 下受到三轴单调加载作用下产生的破坏，从试样横截面可以看出，随着围压的增加，试样破坏更趋向于剪切破坏，由于围压的约束作用限制了内部微观裂纹的进一步扩展和发育，大部分微观裂纹不能继续发展和延伸，只有小部分的微观裂纹得以继续扩展贯通形成宏观裂纹，最终形成的主裂纹数量减少，次生裂纹减少。而当围压为 0 MPa 时，试样裂缝多为竖向破坏，因此呈现在水平断面上，裂缝无规则，且无主裂缝产生。对比图 9-18(b)组和(d)组试样，当围压在 5 MPa 时，三轴单调加载和循环加载状态下试件的破坏形态不同。当试样经历疲劳循环时，裂纹数量增加，会形成复杂的裂纹网络，并伴随主裂纹出现二次裂纹。一般来说，在三轴循环加载条件下，裂缝相较

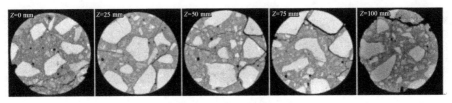

（a）$\sigma_3 = 0$ MPa（单调加载）

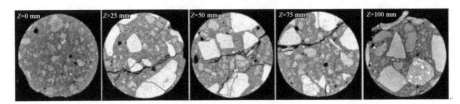

（b）$\sigma_3 = 5$ MPa（单调加载）

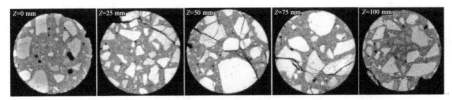

（c）$\sigma_3 = 10$ MPa（单调加载）

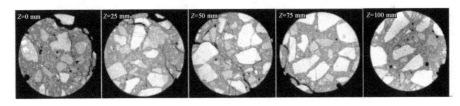

（d）$\sigma_3 = 5$ MPa（循环加载）

图 9-17　三轴加载试验中下疏浚砂水工混凝土试样的不同高度（z）CT 重建图像

于同一围压三轴单调加载更复杂。在三轴循环加载下，试件表现为典型的单剪断裂，同时也出现了轴向和侧向拉伸断裂。而在三轴单调加载下，试件出现的主要是主裂缝，较少出现侧向断裂。根据不同围压下疏浚砂水工混凝土的 3D 结构图可以得到低围压下裂面多且复杂，高围压下裂缝主要集中在混凝土中，裂面较少且与混凝土呈约 67.7°发生劈裂破坏。这与前文中预测的破坏角相比差别不大，同时也证明了 Mohr-Coulomb 失效准则在疏浚砂水工混凝土中的适用性。

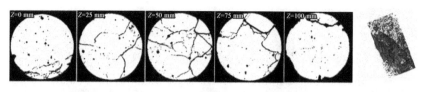

(a) $\sigma_3 = 0$ MPa(单调加载)

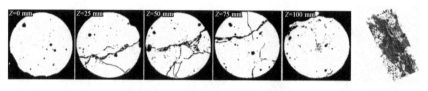

(b) $\sigma_3 = 5$ MPa(单调加载)

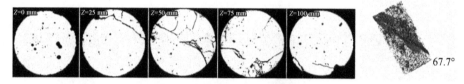

(c) $\sigma_3 = 10$ MPa(单调加载)

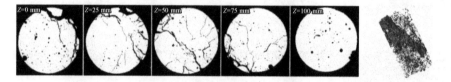

(d) $\sigma_3 = 5$ MPa(循环加载)

图 9-18 三轴加载试验中疏浚砂水工混凝土试样的不同高度(z) CT 二值化图像 3D 结构图

（2）三轴单调及循环加载裂隙面积分析

图 9-19 为三轴单调加载破坏后疏浚砂水工混凝土试件的裂隙面积沿不同高度(z)的演化过程。从图中可以看出,围压越大,水工混凝土沿 z 轴产生的裂隙面积整体来说越小,当围压为 0 MPa 时,水工混凝土最大裂隙面积比围压为 10 MPa 时最大裂隙面积大 79.21%。因此可以得出,疏浚砂水工混凝土三轴单调压缩,围压越小,裂隙面积越大,破坏程度越深。

图 9-20 为疏浚砂水工混凝土试件在围压为 5 MPa 时,三轴单调循环加载破坏后的裂隙面积沿不同高度(z)的演化过程。由图可知,三轴循环压缩破坏后,试样的最小裂隙面积为 52.01 mm²,最大裂隙面积为 114.82 mm²,平均裂隙面积为 62.58 mm²。三轴单调压缩破坏后,试样的裂隙面积变化范围为 15.02 mm² 到 97.28 mm²,平均裂隙面积为 84.81 mm²。从图中可以看出,在 z 小于 30 mm 或大

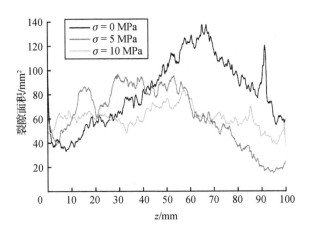

图9-19 疏浚砂水工混凝土试件三轴单调压缩破坏后的裂隙面积沿不同高度(z)的演化过程

于41.2 mm时,砂岩在循环破坏后的裂缝面积大于单调破坏后的裂缝面积。而在 $z=30\sim41.2$ mm时,循环破坏后砂岩的裂隙面积小于单调破坏后的水工混凝土试样。从图得知,总体上疏浚砂水工混凝土三轴循环压缩破坏后的裂隙面积比三轴单调压缩破坏后的裂隙面积大,破坏程度更深。

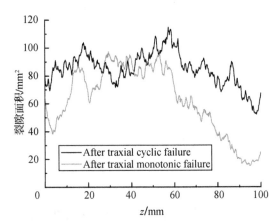

图9-20 疏浚砂水工混凝土试件三轴单调和循环压缩破坏后的裂隙面积沿不同高度(z)的演化过程

（3）三轴单调加载条件下裂纹发育与扩展的能量机制

水工混凝土变形破坏实质是能量耗散与能量释放综合作用的结果[221],能量耗散主要能诱发水工混凝土损伤,产生裂纹,导致材料性质劣化和强度丧失;能量释放是引发岩体突然破坏的内在原因。在围压和轴压施加过程中,水工混凝土产生变形,同时内部出现微裂纹等损伤,根据热力学第一定律,外力对系统输入总能量 W_F 应满足以下关系[222]:

$$W_F = W_E + W_D \qquad (9-10)$$

式中：W_E——水工混凝土变形破坏过程中耗散的能量；

　　　W_D——储存在水工混凝土中的可释放弹性应变能。

常规三轴压缩试验中，试验过程系统输入的能量即为中轴力和围压做的功，如式（9-11）所示。

$$W_F = \frac{\pi}{4} D^2 H \left(\int_0^{\varepsilon_1} \sigma_1 \, d\varepsilon_1 + 2\int_0^{\varepsilon_3} \sigma_3 \, d\varepsilon_3 \right) = V U_F \qquad (9-11)$$

式中：D——试件直径；

　　　H——试件高度；

　　　σ_1——试件受到的轴压；

　　　σ_3——试件受到的围压；

　　　ε_1——轴向应变；

　　　ε_3——横向应变；

　　　V——试件的体积；

　　　U_F——输入能密度。

常规三轴压缩实验中有 $\sigma_2 = \sigma_3$，弹性能密度与耗散能密度分别表示为式（9-12）和式（9-13）[223]。

$$U_E = \frac{1}{2E}[\sigma_1^2 + 2(1-\mu)\sigma_3^2 - 4\mu\sigma_1\sigma_3] = \frac{1-2\mu}{6E}(\sigma_1 + 2\sigma_3)^2 + \frac{1+\mu}{3E}(\sigma_1 - \sigma_3)^2$$
$$(9-12)$$

$$U_D = \int_0^{\varepsilon_1} \sigma_1 \, d\varepsilon_1 + 2\int_0^{\varepsilon_3} \sigma_3 \, d\varepsilon_3 - \frac{1}{2E}[\sigma_1^2 + 2(1-\mu)\sigma_3^2 - 4\mu\sigma_1\sigma_3] \qquad (9-13)$$

由图 9-21 可知，在不同围压下，输入能密度和耗散能密度随应变的增大而增大。弹性应变能密度随轴向应变的变化趋势与混凝土试样应力-应变曲线变化趋势类似，随应变的增加先增大后减小，弹性应变能密度在峰值应力处达到最大，峰值应力后弹性应变能迅速释放。在加载初期，由于试件在荷载作用下处于被压密实的状态，此时弹性应变能密度曲线呈现上凹的趋势，此时试件输入的能量大部分作为弹性应变能储存在试件中。然后水工混凝土进入弹性阶段，在这个阶段中输入的能量大部分也转化为弹性应变能。随着应变的增加，水工混凝土进入弹性极限，此时水工混凝土内部出现大量裂纹，裂纹的产生与贯通会形成新的表面，新表面的产生需要消耗能量，同时伴随不可恢复的塑性应变能的产生，以及水工混凝土试样内部自由电子、被束缚的离子电荷在发生扩散和转移过程中电磁辐射、声发射等形式的辐射能量的产生,因此此时弹性应变能密度曲线逐渐平缓,耗散能密度随着应变的增加逐渐增大。当荷载达到峰值强度后,储存在水工混凝土中的弹性应变能迅速释放,能量通过水工混凝土裂纹的产生、扩展等行为迅速耗散。

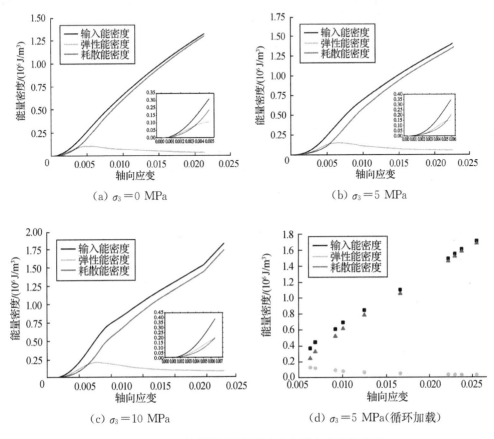

图 9-21　三轴单调压缩能量密度与轴向应变的关系

图 9-22 为在不同围压条件下水工混凝土试样在峰值处对应的输入能密度、弹性应变能密度和耗散能密度与围压之间的关系曲线。由图可知,围压越高,峰值处对应的输入能密度、弹性应变能密度和耗散能密度越大,且其与围压呈良好的线性函数关系。围压为 0 MPa、5 MPa、10 MPa 所对应的疏浚砂水工混凝土峰值弹性应变能密度分别为 0.104×10^6 J/m³、0.150×10^6 J/m³、0.212×10^6 J/m³,这说明随着围压的增加,储存在水工混凝土中的弹性应变能密度增大,当荷载超过水工混凝土极限抗压强度时,水工混凝土释放弹性能越剧烈。因此,随着围压的增大,裂纹迅速发展,贯通整个水工混凝土,破坏形态趋向于剪切破坏。

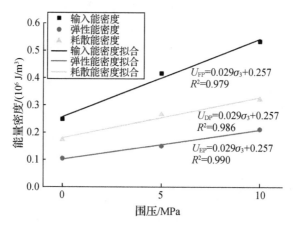

图 9 - 22   三轴单调压缩能量密度与围压的关系

9.1.4   疏浚砂水工混凝土微观性质

利用 SEM、XRD 技术,对疏浚砂水工混凝土水化产物的微观形貌、物相组成进行分析,有助于揭示不同工况下水工混凝土的力学性能差异和耐久性演变的微观机理。不同疏浚砂掺量的疏浚砂水工混凝土的水化特性表现基本近似。以疏浚砂掺量为 50% 的 A50 组为例,图 9 - 23 为矿渣-疏浚砂砂浆的 XRD 衍射图。可以观察到疏浚砂砂浆中的 SiO_2 衍射峰十分突出,对应砂浆中的砂颗粒。此外 $CaCO_3$ 衍射峰(29.5°、43.2°)突出,这可能主要由部分 C-S-H 碳化所致[224]。矿粉水化产物主要为 C-S-H,在砂浆的水化产物中还能发现强度较高的水滑石。这些结果与之前的研究发现相符[225]。

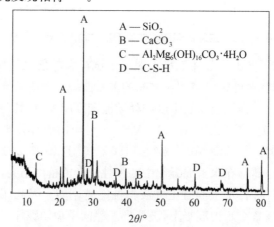

图 9 - 23   标养 28 d 疏浚砂砂浆体系物相组成

矿渣粉、Na_2O、水三者拌和，矿渣颗粒表面的 Si—O、Ca—O 等键在碱环境下断裂，随着矿渣的网络玻璃态结构被破坏和溶解，有更多的钙、铝、镁离子被释放参与反应，保证水化过程的不断进行，产生额外的硅酸钙凝胶。其水化过程可以认为是矿渣粉先和碱性氧化物水溶液反应，然后产生钙、铝离子的缩聚反应。

图 9-24 显示了疏浚砂矿渣砂浆的扫描电镜图。图 9-24(a)和(b)分别显示了掺入 50% 疏浚砂的 HC50 组和不掺疏浚砂的 HC0 组样品 ITZ 的 SEM 图像和 EDS 分析。图 9-24(a)中由于在集料表面黏附了一层薄薄的产物，不能通过扫描电镜观察清楚并确定试样的骨料和 ITZ 位置。而借助 EDS 分析，可以明确集料、ITZ 和浆料的分布。如图 9-24(c)和(d)所示，根据 EDS 分析的 Ca/Si 比，可以看出，区域"1"中显示出极高的 Si 水平而几乎没有 Ca，对应于集料；区域"2"中的 Ca/Si 比约为 1.1，可确定为在浆体中形成的 C-A-S-H 凝胶，其 Ca/Si 比(0.8~1.1)

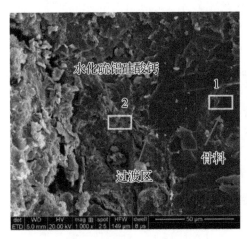

（a）水工混凝土加 50 % 疏浚砂

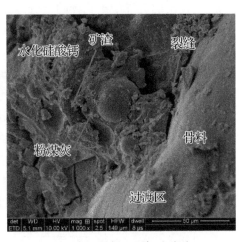

（b）水工混凝土不加疏浚砂

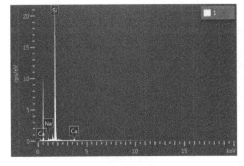

（c）区域"1"

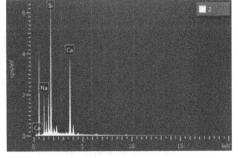

（d）区域"2"

图 9-24　疏浚砂水工混凝土与普通混凝土的 SEM 图像与能谱分析

和普通硅酸盐水泥混凝土的 Ca/Si 比(>1.3)相比偏低[226]。因此,随着 Ca/Si 比的逐渐增加,ITZ 应该存在于两个区域之间。可以看出,HC50 组的 ITZ 比 HC0 的更致密、更均匀,基质趋向密实化。而在普通未掺疏浚砂的水工混凝土基质中可以观察到明显裂隙和气孔,且砂浆和骨料之间的裂隙较大,浆体界面与骨料的黏结较为松散,在以前的研究中也有这样的发现。在含有疏浚砂的砂浆中,由于细砂表面粗糙,水化产物在其表面的堆积密度较大,有助于增加集料表面区域密实度。掺入超细砂颗粒后,基质与骨料之间的结合较紧密,水化产物呈现为层状和细颗粒硅酸盐矿物。

对疏浚砂掺量分别为 0%、50% 和 100% 的 28 d 试样进行了压汞试验(MIP)。HC0 组的孔隙率为 10.55%,HC50 组的孔隙率为 14.83%,HC100 组的孔隙率为 17.23%。图 9 - 25(a)显示了不同疏浚砂掺量下试样的累积孔径分布。根据吴中伟等[227]提出的对混凝土孔径的划分准则对疏浚砂水工混凝土中的孔隙结构进行分析。根据划分准则,无害孔孔径小于 20 nm,少害孔孔径范围为 20～50 nm,有害孔孔径为 50～200 nm,多害孔孔径大于 200 nm。图 9 - 25(b)为孔径分布情况,从图中可知,相较于无疏浚砂的对照组,当疏浚砂掺量为 50% 时,其无害孔比例增加 19.95 个百分点,少害孔、有害孔和多害孔比例分别减少 3.57 个百分点、13.18 个百分点和 3.2 个百分点。这意味着疏浚砂的掺入虽然使水工混凝土内部的孔隙率有所增加,但气孔主要转为无害孔,有害孔和多害孔的产生受到抑制,水工混凝土呈现更加密实的趋势。而当疏浚砂掺量为 100% 时,试样孔隙率增加,无害孔比例增加 22.51 个百分点,多害孔的比例增加了 3.38 个百分点。这表明过量的疏浚砂促进了较大孔隙的产生,从而容易对水工混凝土的强度造成不良影响。

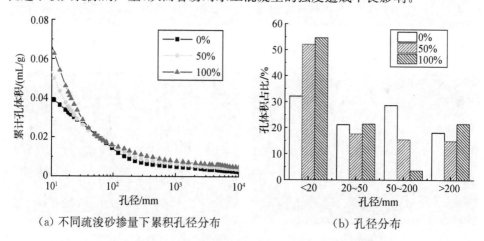

(a) 不同疏浚砂掺量下累积孔径分布　　(b) 孔径分布

图 9 - 25　不同疏浚砂掺量水工混凝土的 MIP 试验结果

9.2 超细疏浚砂对水工混凝土动态力学性能的影响

9.2.1 试件养护成型

为研究应变率和长江下游疏浚超细砂替代率对长江下游疏浚砂水工混凝土动态抗压强度的影响,进行不同疏浚砂替代率下疏浚砂水工混凝土静态力学性能试验和 SHPB(分离式霍普金森杆)动态压缩试验。

本试验采用小型强制式搅拌机拌和混合料。先将矿粉、粉煤灰及粗细骨料加入后开动搅拌机搅拌 1 min,干料搅拌均匀后再打开搅拌机仓盖,缓缓加入水、减水剂和 Na₂O,整个加料过程控制在 2 min 内。全部加入后,再搅拌 1～2 min 至水工混凝土完全搅拌均匀。快速测量坍落度之后将水工混凝土装入模具中放置到振动台上振动成型。然后自然养护至 28 d。

模具为 100 mm×100 mm×400 mm 和 100 mm×100 mm×100 mm 的塑料模具,其中 100 mm×100 mm×100 mm 的试件用于静态力学性能试验,测量静态抗压强度,100 mm×100 mm×400 mm 的长条形试件在南京市江北江磊石材厂切割成 φ74 mm×37 mm 的圆形混凝土盘用于 SHPB 动态压缩试验测量动态强度。试样切割完成后表面已经非常平整,如图 9-26,使用砂纸对两端表面轻微打磨。

图 9-26 用于 SHPB 试验的试件

9.2.2 试验方法和设备

1) 动态力学试验

利用液压式压缩试验机对水工混凝土的 28 d 抗压强度进行测定,压缩加载速率为 5 kN/s,表中的抗压强度为 3 个试样的抗压强度平均值,如表 9-3。

表 9 - 3　试样静态抗压强度

组号	A0	A25	A50	A75	A100
强度/MPa	50	53	55	54	47

2) 分离式霍普金森杆(SHPB)动态压缩试验

SHPB 试验建立在 2 个基本假定基础上,即一维假定(又称平面假定)和应力均匀性假定。

试验装置为 ϕ75 mm SHPB 系统,如图 9 - 27 所示。图 9 - 28 为试验用 SHPB 杆工作示意图,SHPB 杆系统主要由发射装置、入射杆、透射杆、吸收杆组成,数据采集系统主要包括应变片、红外测速仪、动态应变仪(放大电路)、数字示波器(记录波形)、计算机软件处理系统。试验所得的典型入射波、透射波和反射波波形如图 9 - 29 所示。子弹和杆件材质为优质钢材,弹性模量为 210 GPa,密度为 7 850 kg/m³,入射杆长度为 5 m,透射杆长度为 4 m,吸收杆长度 1 m,子弹长度为 0.6 m,压杆波速为 5 172.2 m/s。

试验通过将子弹推入不同深度来控制得到不同的应变率,每一组分低速 4.5 m/s、中速 6.5 m/s、高速 8.5 m/s 各做 3 次,共 9 次,五组总计 45 次。

图 9 - 27　SHPB 测试装置

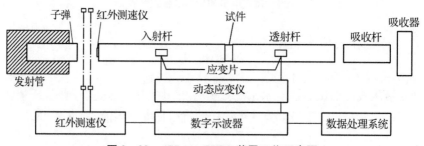

图 9 - 28　ϕ75 mm SHPB 装置工作示意图

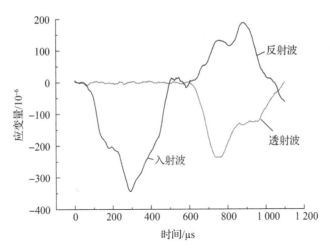

图 9-29 SHPB 试验时入射波、反射波与透射波

9.2.3 结果与分析

1) 破坏形态分析

图 9-30 和图 9-31 为 SHPB 冲击荷载作用下 A50 和 A100 两组试件的破坏形态,由图可见,50 s⁻¹ 应变率左右试样由几条主裂缝贯穿破坏,其在较低速度冲击荷载下,内部薄弱部位首先产生微小裂缝,然后裂缝发展并连通,形成几条贯通的主裂缝,随即试件被破坏。而中高速冲击荷载情况下,试件裂缝数量明显增加,试件破坏速度远大于裂缝发展速度,冲击荷载作用一瞬间试件碎成小碎块,只有少量微裂缝有足够时间拓展形成了为数不多的大碎块,且应变速率越高,冲击产生的碎块越碎,大块碎块越少。

低应变率   中应变率   高应变率

图 9-30 A50 在不同应变率下的破坏形态

2) 应力-应变曲线

通过加载过程的应力-应变曲线可以评价疏浚砂水工混凝土的动力特性。

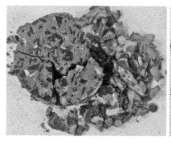  

低应变率   中应变率   高应变率

图 9-31 A100 在不同应变率下的破坏形态

图 9-32 为疏浚砂水工混凝土在高应变率下的动态压缩应力-应变曲线。疏浚砂水工混凝土的应力在初始阶段随应变的增加呈线性迅速增加,曲线呈现上凹状,并逐渐达到峰值,达到峰值后应力-应变曲线呈现下降趋势,应力随应变的增加而减小。图形中有一个特点:在应力达到峰值后,疏浚砂水工混凝土没有立刻丧失强度,而是在较大的应变发生过程中缓慢地失去强度,在一些试验组中甚至出现一较高的应力平台[228],这可能是因为疏浚砂水工混凝土材料质地不均匀,砂浆部分表现出较大的脆性,水工混凝土先表现出脆断,而后其余部分表现出韧性和应力硬化。这一现象在掺量更高的疏浚砂水工混凝土中表现得更明显。

应变率效应对各疏浚砂掺量的水工混凝土的动态压缩响应均有一定的影响,以 25% 掺量疏浚砂水工混凝土 A25 为例,当应变速率为 55.5 s^{-1} 时,峰值应力为 54.3 MPa;当应变速率为 115.5 s^{-1} 时峰值应力为 68.8 MPa;应变速率为 216.1 s^{-1} 时峰值应力为 87.0 MPa。在其他掺量下也发现了类似的趋势,应力应变图整体饱满,且同组图形有较好的相似性,随着应变率的增加,疏浚砂峰值应力逐渐提高,承载能力增强,与普通混凝土一样,疏浚砂水工混凝土是明显的应变率相关材料。

3)应变速率效应

图 9-33 是冲击荷载下疏浚砂水工混凝土峰值应力、峰值应变与应变率的关系。与静态荷载条件下的抗压强度相比,每一组疏浚砂水工混凝土在冲击压缩荷载的情况下峰值应力几乎都有所增大,且随着应变率增大而增大,二者呈现良好的线性关系。

为更好地对疏浚砂水工混凝土的应变率效应进行定量,引入动态增强因子(Dynamic Increase Factor,DIF),其定义为动态峰值应力与静态强度比值,用公式表示为:

$$DIF = \frac{\sigma_d}{\sigma_s} \tag{9-14}$$

式中:σ_d——疏浚砂水工混凝土动态峰值应力(MPa);

      σ_s——静态峰值应力(MPa)。

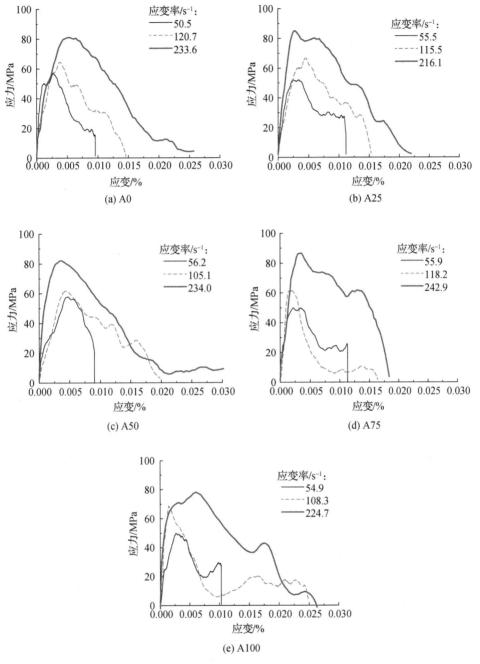

图 9 - 32　不同组试件受压应力-应变图

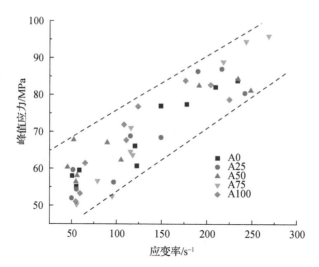

图 9 - 33　各组试件峰值强度与应变率关系

　　DIF 随应变率增大而增大,与峰值应力类似,如图 9 - 34 所示。各组试件在应变率为 50 s^{-1} 左右的 DIF 值都在 1.0 左右,所以可以认定疏浚砂水工混凝土的应变率敏感值在 50 s^{-1} 左右,各应变率下疏浚砂水工混凝土的 DIF 值比较接近普通碱矿渣混凝土[229]。现有的混凝土 DIF 模型一般采用欧洲规范 CEB-FIP[230]中提出的关系式,在高应变率下,动态增强因子 DIF 与应变率的关系为:

$$DIF=\frac{\sigma_d}{\sigma_s}=\alpha\dot{\varepsilon}^{\beta}\qquad\dot{\varepsilon}>30\ s^{-1}\qquad(9-15)$$

式中为现有 CEB 规范中的模型,该模型不适用于每一种混凝土,所以采用其基本关系式并对其参数进行变化来描述疏浚砂水工混凝土 DIF 与应变率的关系。以方程中的幂函数形式拟合曲线后发现对应关系良好,拟合关系式如表 9 - 4,各组 DIF 与应变率关系拟合曲线如图 9 - 34 所示。表中决定系数 R^2 最低值都大于 0.8,说明疏浚砂水工混凝土 DIF 与应变率的回归关系与 CEB 模型非常接近。综上,可以采用 CEB 模型对疏浚砂水工混凝土的 DIF 值与应变率之间关系进行分析预测。

　　对于水工混凝土应力-应变曲线上的峰值应变与应变率之间的关系,不同论文得到的试验结果并不一致[228,231-236],这可能是试验条件和试验材料的差异导致的。本研究所测冲击受压荷载作用下,五组不同疏浚砂掺量水工混凝土峰值应变与应变速率之间的变化关系结果如图 9 - 35 所示。从图 9 - 35 中可以看出,不同应变速率条件下各水工混凝土峰值应变的变化趋势并不是单一地随着应变率增加而增加或降低,而是呈现出无规律的离散分布。这可能是由于每组试验点较少和骨料的不均匀性[237]的存在,使得试验有较大的偶然性。

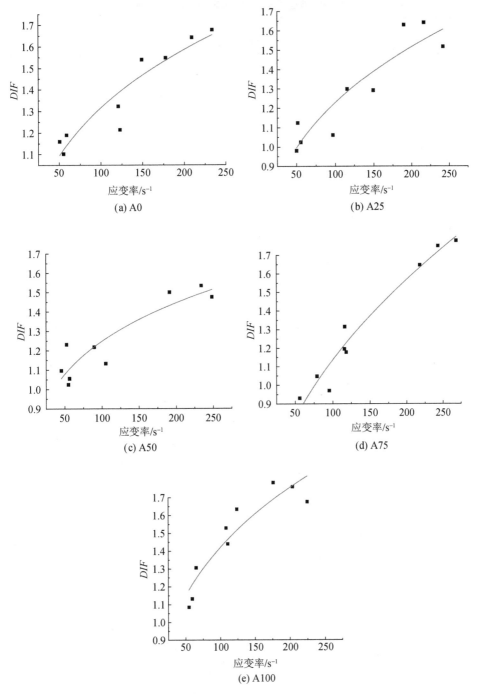

图 9-34　各组试件 *DIF* 与应变率关系

表 9-4　各组试件 *DIF* 与应变率关系拟合曲线

组号	DIF$vs\dot{\varepsilon}$	
	拟合公式	R^2
A0	$DIF=0.380\ 9\dot{\varepsilon}^{0.269\ 2}$	0.877 5
A25	$DIF=0.303\ 9\dot{\varepsilon}^{0.303\ 4}$	0.845 6
A50	$DIF=0.471\ 0\dot{\varepsilon}^{0.217\ 1}$	0.829 8
A75	$DIF=0.133\ 4\dot{\varepsilon}^{0.465\ 3}$	0.956 4
A100	$DIF=0.347\ 0\dot{\varepsilon}^{0.307\ 0}$	0.873 3

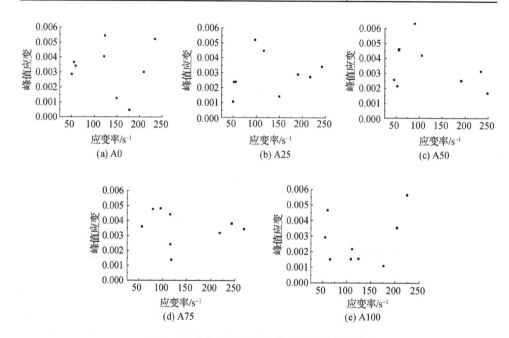

图 9-35　各组试件峰值应变与应变率关系

4) 疏浚砂替代率的影响

图 9-36 是相同应变率下不同组试件的峰值应力,取了 50 s^{-1} 和 150 s^{-1} 两个应变率对应的峰值应力对比,峰值应力由前文中的表 9-4 的 *DIF* 拟合模型计算得出。

由图可知,从数值上看,疏浚砂掺量对峰值应力强度影响并不大,这与前人研究成果也是接近的。目前混凝土被认定为一种三相材料[237],由骨料、砂浆和过渡区组成,过渡区是围绕着粗骨料产生的一圈包围层,在正常养护条件下,由于砂浆和粗骨料的弹性模量不同,引起的应变也不同,从而造成过渡区微裂纹和微空洞,形成损伤,粗骨料粒径的变化则会影响这些损伤。目前的研究[233,238]表明:相较于

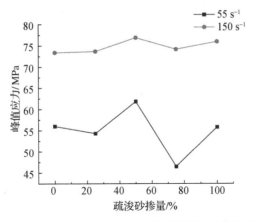

图 9-36　同应变率条件下不同疏浚砂掺量和峰值应力关系

粗骨料,细骨料(砂)粒径的变化对混凝土动态力学性能的影响较小。

细骨料粒径小,会影响砂浆的性能,从而影响水工混凝土性能。由图 9-36 可知,疏浚砂掺量为 0%、25%、50% 时强度比较好,50% 掺量时 50 s⁻¹ 应变率情况下强度甚至比 0 掺量下强度更高。但随着疏浚砂掺量的增加,不仅水工混凝土的和易性和流动性越来越差,而且在 75% 掺量下应变率为 50 s⁻¹ 时会出现 DIF 小于 1 的情况,这表明适量使用疏浚砂既可以提高水工混凝土静态抗压强度,也可以提高其动态抗压强度,但掺量过多无疑会放大水工混凝土的性能缺陷,原因在于疏浚砂的颗粒级配太差,掺加过多,水工混凝土中缺少粗砂,使粗骨料的缝隙中缺少支撑,会影响砂浆、混凝土的性能。

9.3　本章小结

本章以超细疏浚砂为原料,根据第 5 章得到的最佳配合比制备水工混凝土,以最佳配合比设计制备了 5 种不同疏浚砂掺量的水工混凝土,通过不同围压下的试验,揭示了长江下游航道超细疏浚砂对水工混凝土的静动态力学性能的影响规律。主要研究内容和成果如下:

(1) 结合混凝土的力学性能和工作性能,疏浚砂的优化掺量在 50% 左右(疏浚砂占细骨料的质量比),其抗压强度和劈拉强度较未掺疏浚砂的对照组分别提升 8% 和 10.9%。随着疏浚砂掺量的增加,混凝土的抗压和劈拉强度先上升后下降。28 d 强度显示除全疏浚砂组外,其余组强度均高于未掺疏浚砂的对照组。SEM 电镜观察结果表明,适量掺加疏浚砂颗粒能够填充混凝土内部微小间隙,改善界面过渡区结构。

（2）随着疏浚砂掺量的增加，混凝土的流动性不断下降，和易性降低，试件的吸水率先降低后升高，试件的密度先升高后降低。压汞（MIP）试验结果显示，随着疏浚砂掺量的增加，混凝土的孔隙中无害孔的比例增加，但过量增加疏浚砂会造成多害孔比例增长。

（3）随着应变率的增加，疏浚砂水工混凝土的破碎程度明显增加，疏浚砂水工混凝土的动态抗压强度也相应地提高。同应变率下，疏浚砂水工混凝土的峰值应力随着疏浚砂掺量的增加先升高后降低。与静载试验相比，水工混凝土试件在循环加载后均出现了更多的破裂面与拉伸劈裂裂纹。三轴循环加载条件下水工混凝土的残余应力比单调加载条件下的残余应力小，试样破坏程度大。

（4）不同疏浚砂掺量下水工混凝土的峰值强度随着围压的增加呈现线性增长的趋势。围压可以有效地抑制水工混凝土材料的脆性。采用分段式应力-应变本构方程，得到的水工混凝土三轴受压时相关力学指标计算公式及参数化本构方程的计算结果与试验结果拟合良好。疏浚砂水工混凝土三轴压缩，围压越小，裂隙面积越大，破坏程度越深。峰值应力对应的输入能密度、弹性能密度和耗散能密度均随围压的增大而增大，且均与围压满足线性函数关系。

（5）疏浚砂水工混凝土是明显的应变率硬化材料，其冲击力学性能具有显著的应变率相关性。动态荷载下疏浚砂混凝土的强度与静态抗压强度相比增长比较明显，$50 \ \mathrm{s}^{-1}$ 应变率左右为疏浚砂混凝土的应变率敏感值，可采用 CEB 推荐的计算模型对高应变率下的疏浚砂混凝土 DIF 进行分析预测。

（6）同应变率下，疏浚砂混凝土的峰值应力随着疏浚砂掺量的增加呈现先升高后降低的趋势。从静态抗压和动态峰值应力两方面来说，使用疏浚砂部分替代河砂有利于混凝土性能的改善，但是掺量过高则会影响混凝土和易性和泵送性，仅从 5 组试验来看，50％掺量是较好的取代量。

参考文献

[1] 朱伟,张春雷,刘汉龙,等. 疏浚泥处理再生资源技术的现状[J]. 环境科学与技术,2002(4):39-41.

[2] 王望金. 长江航道疏浚与弃土处理构想[J]. 中国水运(学术版),2007(10):29-30.

[3] 孙立国,韩旭,谢发祥. 疏浚砂混凝土的压剪性能和破坏准则的试验研究[J]. 水运工程,2022(12):48-54,113.

[4] Belhadj B, Bederina M, Benguettache K, et al. Effect of the type of sand on the fracture and mechanical properties of sand concrete[J]. Advances in Concrete Construction, 2014, 2(1): 13-27.

[5] Zhang G X, Song J X, Yang W W, et al. Effects of different desert sand on properties of cement mortar and concrete[J]. Journal of Ningxia University (Natural Science Edition), 2003.

[6] Colin D. Valorisation de sédiments fins de dragage en technique routière[D]. Le Havre: Universite Le Havre, 2003.

[7] Pierre Y. Caracterisation et valorisation de sediments fluviaux pollues et traites dans les materiaux routiers [D]. France: L'ecole centrale de lille, 2008.

[8] Basha E A, Hashim R, Mahmud H B, et al. Stabilization of residual soil with rice husk ash and cement[J]. Construction and Building Materials, 2005, 19(6): 448-453.

[9] 梁军堂,孟艳敏,冯士明,等. NS固沙材料应用于乡村道路建设的工程实践[J]. 科技信息(学术研究),2008(34):687-688.

[10] 韩致文,胡英娣,陈广庭,等. 化学工程固沙在塔里木沙漠公路沙害防治中的适宜性[J]. 环境科学,2000,21(5):86-88.

[11] 杨青,潘宝峰,何云民. 铁矿尾矿砂在公路基层中的应用研究[J]. 交通科技,2009(1):74-77.

[12] 惠婧,谢群,陈涛,等. 铁尾矿砂混凝土基本性能研究进展[J]. 新型建筑材料,2023,50(1):1-7,51.

[13] 曾方. 固化河砂块试验研究[M] // 长江堤防建设管理及护岸工程论文集. 武

汉：长江出版社，2006：17-26.

[14] 江朝华，潘跃鹏，冷杰，等. 砂性弃土制备免烧砖试验研究[J]. 硅酸盐通报，2015，34(11)：3116-3121.

[15] 孙宝昌. 无粗骨料特细砂混凝土及其工程应用[J]. 东北水利水电，1991，5：2-5.

[16] 宓永宁，王振国，孙荣华，等. 特细砂砂浆性能及砌筑砂浆配合比研究[J]. 人民黄河，2014，36(7)：121-123.

[17] 莫丹. 特细砂干混砂浆配制与性能研究[D]. 重庆：重庆大学，2005.

[18] 潘跃鹏，陶桂兰. 矿粉掺量对废弃超细砂制备砂混凝土密度及强度影响研究[J]. 硅酸盐通报，2018，37(3)：849-855.

[19] Boutouil M. Traitement des vases dedragage par stabilisation solidification a base de ciment et additifs[D]. France：Universite Le Havre，1998.

[20] Zril A，Abriakl N E，Benzerzourl M. Valorisation des sediments dans le beton de sable a base du sable de dragage[J]. Sustainable Built Environement Infrastructures，2009，7(3)：12-35.

[21] Bouziani T，Bederina M，Hadjoudja M. Effect of dune sand on the properties of flowing sand-concrete (FSC)[J]. International Journal of Concrete Structures and Materials，2012，6(1)：59-64.

[22] Rmili A，Ouezdou M B，Added M，et al. Incorporation of crushed sands and Tunisian Desert Sands in the composition of self compacting concretes part I：Study of formulation[J]. International Journal of Concrete Structures and Materials，2009，3(1)：11-14.

[23] Benaissa A，Kamen A，Chouicha K，et al. Panneau 3D au béton de sable [J]. Materials and Structures，2008，41(8)：1377-1391.

[24] Gérômey S. Evaluation des paramètres d'obtention de la qualité des bétons projetés utilisés dans des soutènements provisoires，des revêtements définitifs et des renforcements d'ouvrages[D]. Lyon：Institute of National des Sciences Appliquées de Lyon，2003.

[25] Bederina M，Gotteicha M，Belhadj B，et al. Drying shrinkage studies of wood sand concrete-Effect of different wood treatments[J]. Construction and Building Materials，2012，36：1066-1075.

[26] Hua C，Gruz X，Ehrlacher A. Thin sand concrete plate of high resistance in traction[J]. Materials and Structures，1995，28(9)：550-553.

[27] Bouziani T，Benmounah A，Bédérina M. Statistical modelling for effect of

mix-parameters on properties of high-flowing sand-concrete[J]. Journal of Central South University, 2012, 19(10): 2966 – 2975.

[28] Khay S E E, Neji J, Loulizi A. Shrinkage properties of compacted sand concrete used in pavements[J]. Construction and Building Materials, 2010, 24 (9): 1790 – 1795.

[29] Benaissa I, Nasser B, Aggoun S, et al. Properties of fibred sand concrete sprayed by wet-mix process[J]. Arabian Journal for Science and Engineering, 2015, 40(8): 2289 – 2299.

[30] Belhadj B, Bederina M, Makhloufi Z, et al. Contribution to the development of a sand concrete lightened by the addition of barley straws[J]. Construction and Building Materials, 2016, 113: 513 – 522.

[31] Gadri K, Guettala A. Evaluation of bond strength between sand concrete as new repair material and ordinary concrete substrate (The surface roughness effect)[J]. Construction and Building Materials, 2017, 157: 1133 – 1144.

[32] Bouziani T, Benmounah A, Makhloufi Z, et al. Properties of flowable sand concretes reinforced by polypropylene fibers[J]. Journal of Adhesion Science and Technology, 2014, 28(18): 1823 – 1834.

[33] Hadjoudja M, Khenfer M M, Mesbah H A, et al. Statistical models to optimize fiber-reinforced dune sand concrete[J]. Arabian Journal for Science and Engineering, 2014, 39(4): 2721 – 2731.

[34] A H AL-Saffar. The effect of filler type and content on hot asphalt concrete mixtures properties[J]. Al-Rafidain Engineering Journal (AREJ), 2013, 21 (6): 88 – 100.

[35] Suba S, Öztürk H, Emiroğlu M. Utilizing of waste ceramic powders as filler material in self-consolidating concrete[J]. Construction and Building Materials, 2017, 149: 567 – 574.

[36] Granata M F. Pumice powder as filler of self-compacting concrete[J]. Construction and Building Materials, 2015, 96: 581 – 590.

[37] Bédérina M, Khenfer M M, Dheilly R M, et al. Reuse of local sand: Effect of limestone filler proportion on the rheological and mechanical properties of different sand concretes[J]. Cement and Concrete Research, 2005, 35(6): 1172 – 1179.

[38] Aoual-Benslafa F K, Kerdal D, Ameur M, et al. Durability of mortars made with dredged sediments[J]. Procedia Engineering, 2015, 118: 240 – 250.

[39] Ozer-Erdogan P, Basar H M, Erden I, et al. Beneficial use of marine dredged materials as a fine aggregate in ready-mixed concrete: Turkey example[J]. Construction and Building Materials, 2016, 124: 690 - 704.

[40] Mymrin V, Stella J C, Scremim C B, et al. Utilization of sediments dredged from marine ports as a principal component of composite material[J]. Journal of Cleaner Production, 2017, 142: 4041 - 4049.

[41] Do T M, Kang G, Vu N, et al. Development of a new cementless binder for marine dredged soil stabilization: Strength behavior, hydraulic resistance capacity, microstructural analysis, and environmental impact[J]. Construction and Building Materials, 2018, 186: 263 - 275.

[42] Zhang W L, McCabe B A, Chen Y H, et al. Unsaturated behaviour of a stabilized marine sediment: A comparison of cement and GGBS binders[J]. Engineering Geology, 2018, 246: 57 - 68.

[43] Mehdipour I, Khayat K H. Understanding the role of particle packing characteristics in rheo-physical properties of cementitious suspensions: A literature review[J]. Construction and Building Materials, 2018, 161: 340 - 353.

[44] Ho H J, Iizuka A, Shibata E. Chemical recycling and use of various types of concrete waste: A review [J]. Journal of Cleaner Production, 2021, 284: 124785.

[45] Hursthouse A S. The relevance of speciation in the remediation of soils and sediments contaminated by metallic elements: An overview and examples from Central Scotland, UK [J]. Journal of Environmental Monitoring, 2001, 3(1): 49 - 60.

[46] Pinto P X, Al-Abed S R, Barth E, et al. Environmental impact of the use of contaminated sediments as partial replacement of the aggregate used in road construction[J]. Journal of Hazardous Materials, 2011, 189(1/2): 546 - 555.

[47] Benzerzour M, Amar M, Abriak N E. New experimental approach of the reuse of dredged sediments in a cement matrix by physical and heat treatment[J]. Construction and Building Materials, 2017, 140: 432 - 444.

[48] Zhang Y, Li X S, Wang Y, et al. Decomposition conditions of methane hydrate in marine sediments from South China Sea[J]. Fluid Phase Equilibria, 2016, 413: 110 - 115.

[49] Dalton J L, Gardner K H, Seager T P, et al. Properties of Portland cement made from contaminated sediments[J]. Resources, Conservation and Recy-

cling, 2004, 41(3): 227 - 241.

[50] el Mahdi Safhi A, Benzerzour M, Rivard P, et al. Feasibility of using marine sediments in SCC pastes as supplementary cementitious materials[J]. Powder Technology, 2019, 344: 730 - 740.

[51] Lirer S, Liguori B, Capasso I, et al. Mechanical and chemical properties of composite materials made of dredged sediments in a fly-ash based geopolymer[J]. Journal of Environmental Management, 2017, 191: 1 - 7.

[52] Minocha A K, Jain N, Verma C L. Effect of organic materials on the solidification of heavy metal sludge[J]. Construction and Building Materials, 2003, 17(2): 77 - 81.

[53] Dubois V, Abriak N E, Zentar R, et al. The use of marine sediments as a pavement base material[J]. Waste Management, 2009, 29(2): 774 - 782.

[54] Li X D, Poon C S, Sun H, et al. Heavy metal speciation and leaching behaviors in cement based solidified/stabilized waste materials[J]. Journal of Hazardous Materials, 2001, 82(3): 215 - 230.

[55] Zentar R, Abriak N E, Dubois V, et al. Beneficial use of dredged sediments in public works[J]. Environmental Technology, 2009, 30(8): 841 - 847.

[56] Clare K E, Sherwood P T. The effect of organic matter on the setting of soil-cement mixtures[J]. Journal of Applied Chemistry, 1954, 4(11): 625 - 630.

[57] Wang H. Back Analysis and Calculation of Concrete Thermal Parameters Based on In-situ Test[J]. Journal of China Three Gorges University(Natural Sciences), 2009.

[58] Aouad G, Laboudigue A, Gineys N P, et al. Dredged sediments used as novel supply of raw material to produce Poriland cement clinker[J]. Cement & Concrete Composites, 2012.

[59] Dia M, Ramaroson J, Nzihou A, et al. Effect of chemical and thermal treatment on the geotechnical properties of dredged sediment[J]. Procedia Engineering, 2014, 83: 159 - 169.

[60] Zoubeir L, Adeline S, Laurent C S, et al. The use of the Novosol process for the treatment of polluted marine sediment[J]. Journal of Hazardous Materials, 2007, 148(3): 606 - 612.

[61] Amar M, Benzerzour M, Abriak N E, et al. Study of the pozzolanic activity of a dredged sediment from Dunkirk harbour[J]. Powder Technology,

2017, 320: 748 - 764.

[62] Amar M, Benzerzour M, Safhi A E M, et al. Durability of a cementitious matrix based on treated sediments[J]. Case Studies in Construction Materials, 2018, 8: 258 - 276.

[63] Zhao Z F, Benzerzour M, Abriak N E, et al. Use of uncontaminated marine sediments in mortar and concrete by partial substitution of cement[J]. Cement and Concrete Composites, 2018, 93: 155 - 162.

[64] Iba B, Ms B, Rlrc B, et al. Environmental impacts of Design for Reuse practices in the building sector[J]. Journal of Cleaner Production, 2022, 349 (12):131228.

[65] Koshiro Y, Ichise K. Application of entire concrete waste reuse model to produce recycled aggregate class H[J]. Construction and Building Materials, 2014, 67: 308 - 314.

[66] Haghi A, Bignozzi M. Reuse of industrial wastes as construction key material[M]//Key Engineering Materials, Volume 1. Manhattan: Apple Academic Press, 2014: 25 - 53.

[67] Gao L, Shi Y, Xu guo qiang, et al. Influence research on the pretreatment of recycled coarse aggregate to the strength of recycled concrete[J]. Advanced Materials Research, 2013, 652/653/654: 1173 - 1176.

[68] Spaeth V, Djerbi Tegguer A. Polymer based treatments applied on recycled concrete aggregates[J]. Advanced Materials Research, 2013, 687: 514 - 519.

[69] Achour R, Zentar R, Abriak N E, et al. Durability study of concrete incorporating dredged sediments[J]. Case Studies in Construction Materials, 2019, 11: e00244.

[70] Agostini F, Skoczylas F, Lafhaj Z. About a possible valorisation in cementitious materials of polluted sediments after treatment[J]. Cement and Concrete Composites, 2007, 29(4): 270 - 278.

[71] Dang T A, Kamali-Bernard S, Prince W A. Design of new blended cement based on marine dredged sediment[J]. Construction and Building Materials, 2013, 41: 602 - 611.

[72] Limeira J, Agullo L, Etxeberria M. Dredged marine sand in concrete: An experimental section of a harbor pavement[J]. Construction and Building Materials, 2010, 24(6): 863 - 870.

[73] Limeira J, Etxeberria M, Agulló L, et al. Mechanical and durability prop-

erties of concrete made with dredged marine sand[J]. Construction and Building Materials, 2011, 25(11): 4165 – 4174.

[74] Tang I Y, Yan D Y S, Lo I M C, et al. Pulverized fuel ash solidification/ stabilization of waste: Comparison between beneficial reuse of contaminated marine mud and sediment[J]. Journal of Environmental Engineering and Landscape Management, 2015, 23(3): 202 – 210.

[75] Wang D X, Abriak N E, Zentar R, et al. Solidification/stabilization of dredged marine sediments for road construction[J]. Environmental Technology, 2012, 33(1): 95 – 101.

[76] Wang D X, Abriak N E, Zentar R. Strength and deformation properties of Dunkirk marine sediments solidified with cement, lime and fly ash[J]. Engineering Geology, 2013, 166: 90 – 99.

[77] Wang L, Tsang D C W, Poon C S. Green remediation and recycling of contaminated sediment by waste-incorporated stabilization/solidification[J]. Chemosphere, 2015, 122: 257 – 264.

[78] Mun K J, Hyoung W K, Lee C W, et al. Basic properties of non-sintering cement using phosphogypsum and waste lime as activator[J]. Construction and Building Materials, 2007, 21(6): 1342 – 1350.

[79] Silitonga E. Experimental research of stabilization of polluted marine dredged sediments by using silica fume[J]. MATEC Web of Conferences, 2017, 138: 01017.

[80] Kou S C, Poon C S, Agrela F. Comparisons of natural and recycled aggregate concretes prepared with the addition of different mineral admixtures [J]. Cement and Concrete Composites, 2011, 33(8): 788 – 795.

[81] Mohammed S I, Najim K B. Mechanical strength, flexural behavior and fracture energy of recycled concrete aggregate self-compacting concrete[J]. Structures, 2020, 23: 34 – 43.

[82] Arasan S, Akbulut S, Hasiloglu A S. The relationship between the fractal dimension and shape properties of particles[J]. KSCE Journal of Civil Engineering, 2011, 15(7): 1219 – 1225.

[83] 宓永宁, 张颖, 张玉清, 等. 基于 SEM 图像的辽河特细砂粒度分布及形态特征的研究[J]. 水利水电技术, 2013, 44(12): 75 – 78.

[84] 张颖. 辽河特细砂分形特征及特细砂混凝土试验研究[D]. 沈阳: 沈阳农业大学, 2013.

[85] 邵欣，汪彭生，章环境，等. 特细砂的颗粒形态分析及特细砂混凝土试验研究[J]. 农业科技与装备，2014(4)：48-49.

[86] 瞿福林. 石灰岩机制砂形貌特性及机制砂自密实混凝土性能研究[D]. 成都：西南交通大学，2018.

[87] 周波. 基于骨料形貌参数修正的可压缩堆积模型及其在混凝土材料中的应用研究[D]. 深圳：深圳大学，2017.

[88] 刘嘉栋. 石灰岩机制砂粒形特性对混凝土强度的影响研究[D]. 舟山：浙江海洋大学，2018.

[89] Mandelbrot B B, Aizenman M. Fractals：Form，chance，and dimension[J]. Physics Today，1979，32(5)：65-66.

[90] 朱志宝. 石油储层岩石微观孔隙结构分析研究[D]. 大庆：东北石油大学，2013

[91] 杨培岭，罗远培，石元春. 用粒径的重量分布表征的土壤分形特征[J]. 科学通报，1993，38(20)：1896-1899.

[92] 董云，任小伟. 土石混合料的颗粒分形特征及其工程应用研究[J]. 中外公路，2006，26(6)：178-181.

[93] 苏丽，牛荻涛，黄大观，等. 海洋环境中玄武岩/聚丙烯纤维增强混凝土氯离子扩散性能[J]. 建筑材料学报，2022，25(1)：44-53.

[94] Li H，Ding X，Lin J，et al. Study on coloring method of airport flight-gate allocation problem[J]. Journal of Mathematics in Industry，2019，9(1)：1-16.

[95] Wang L，Zhou C，Shang G. Contrast evaluation method for operational capability based on the measurement of uncertainty[J]. Xitong Gongcheng Lilun yu Shijian/System Engineering Theory and Practice，2017，37(9)：2474-2480.

[96] 赖勇超，刘敦文，黄利俊，等. 凝灰岩机制砂品质对混凝土性能的影响研究[J]. 工业建筑，2020，50(5)：88-93.

[97] 李俊杰，陈健，李聪，等. 基于TOPSIS-灰色关联分析法的部队政治工作能力评估[J]. 科技导报，2020，38(21)：47-53.

[98] 张小伟，肖瑞敏，张雄. 混凝土粗骨料堆积的定量体视学研究[J]. 混凝土，2011(4)：64-68.

[99] 冯嘉健. 基于膜厚度理论的透水混凝土透水与力学性能研究[D]. 广州：广东工业大学，2019.

[100] 余洋. 浅析水灰比对混凝土强度的影响与控制[J]. 河南水利，2006(6)：34.

[101] 姜宏,陈宜虎. 水灰比过大和过小对混凝土性能的影响[J]. 中国水运(学术版),2007(10):132-133.

[102] 赵华玮. 水灰比对混凝土质量的影响[J]. 焦作大学学报,1999,13(4):48-49.

[103] 马志霞,李金奎,侯瑞珀,等. 不同掺量粉煤灰混凝土强度试验研究[J]. 河北建筑科技学院学报,2005,22(4):32-34.

[104] 鲁丽华,潘桂生,陈四利,等. 不同掺量粉煤灰混凝土的强度试验[J]. 沈阳工业大学学报,2009,31(1):107-110.

[105] 郑青,许晓东,杜泽,等. 矿粉掺量对混凝土性能的影响[J]. 混凝土与水泥制品,2011(4):22-24.

[106] Al-Saffar N A H. The effect of filler type and content on hot asphalt concrete mixtures properties[J]. Al Rafadain Engineering Journal,2013,21(6):88-100.

[107] 肖巍,丁成平,谢旭剑. 水泥用量对混凝土性能影响的试验研究[J]. 硅酸盐通报,2018,37(6):2083-2087.

[108] 封孝信,刘刚. 泥土对混凝土性能的影响综述[J]. 华北理工大学学报(自然科学版),2017,39(2):46-65.

[109] 吴永根,韩照,李建丰,等. 含泥量对干硬性水泥胶砂性能影响[J]. 混凝土,2012(9):112-114.

[110] 耿长圣,王霞,倪小飞,等. 浅析砂含泥量对混凝土性能的影响[C]. 2009全国商品混凝土技术与管理交流大会,2009:146-149.

[111] 刘红霞,韩晓虎. 砂石含泥量对混凝土工作性及抗压强度的影响[J]. 价值工程,2015,34(15):107-109.

[112] 杨建军,殷素红,王恒昌,等. 细集料品质对C80高性能混凝土性能的影响[J]. 混凝土,2008(11):58-61.

[113] 李晓,陈志红. 含泥量:变不利为有利的探讨[J]. 中国建材,1999,48(5):51.

[114] 石建明. 混凝土细骨料含泥量对混凝土强度及工作性的影响[J]. 内蒙古水利,2014(4):19-20.

[115] 江俊达. 水泥基材料微观结构测试与纳米压痕表征[D]. 上海:上海交通大学,2018.

[116] 吴中伟. 高性能混凝土:绿色混凝土[J]. 混凝土与水泥制品,2000(1):3-6.

[117] Fuller W B, Thompson S E. The laws of proportioning concrete[J]. Transactions of the American Society of Civil Engineers,1907,59(2):67-143.

[118] Larrard F D. Concrete mixture proportioning[J]. Information Storage &

Retrieval, 2017, 4(2):113 - 131.

[119] 唐明，潘吉，巴恒静. 水泥基粉体颗粒群分形几何密集效应模型[J]. 沈阳建筑大学学报(自然科学版)，2005，21(5)：515 - 518.

[120] 唐明述. 混凝土耐久性研究应成为最活跃的研究领域[J]. 混凝土与水泥制品，1989(5)：4 - 8.

[121] Mehta P K. Influence of fly ash characteristics on the strength of Portland-fly ash mixtures[J]. Cement and Concrete Research, 1985, 15(4): 669 - 674.

[122] Johansen V, Andersen P J. Particle packing and concrete properties[J]. Materials Science of Concrete, 1991,12: 111 - 147.

[123] Powers T C. Structure and physical properties of hardened Portland cement paste[J]. Journal of the American Ceramic Society, 1958, 41(1): 1 - 6.

[124] 于骁中. 岩石和混凝土断裂力学[M]. 长沙：中南工业大学出版社，1991.

[125] 吴中伟. 高性能混凝土及其矿物细掺料[J]. 建筑技术，1999，30(3)：160 - 162.

[126] 刘伟，邢锋，谢友均. 水灰比、矿物掺合料对混凝土孔隙率的影响[J]. 低温建筑技术，2006，28(1)：9 - 11.

[127] Li L G, Kwan A K H. Packing density of concrete mix under dry and wet conditions[J]. Powder Technology, 2014, 253: 514 - 521.

[128] BS 812 - 2. Methods of Determination of Density[S]. London：British Standards Institution，1995.

[129] Bédérina M, Khenfer M M, Dheilly R M, et al. Reuse of local sand: Effect of limestone filler proportion on the rheological and mechanical properties of different sand concretes[J]. Cement and Concrete Research, 2005, 35(6): 1172 - 1179.

[130] Long G C, He Z M, Omran A. Heat damage of steam curing on the surface layer of concrete[J]. Magazine of Concrete Research, 2012, 64(11): 995 - 1004.

[131] 吴岳峻，任申瑞，章皓，等. 蒸汽养护下预养时间对高强砂浆的影响[J]. 硅酸盐通报，2019，38(8)：2397 - 2402.

[132] 曾潇，水中和，丁沙，等. 养护条件对过硫磷石膏矿渣水泥砂浆性能的影响[J]. 混凝土，2015 (2)：110 - 113.

[133] 贺智敏. 蒸养混凝土的热损伤效应及其改善措施研究[D]. 长沙：中南大学，2012.

[134] 陈洁静，秦拥军，肖建庄，等. 基于 CT 技术的掺锂渣再生混凝土孔隙结构

特征[J]. 建筑材料学报，2021,24(6):1179-1186.

[135] Alghazali H H, Aljazaeri Z R, Myers J J. Effect of accelerated curing regimes on high volume fly ash mixtures in precast manufacturing plants[J]. Cement and Concrete Research，2020, 131: 105913.

[136] Shumuye E D, Zhao J, Wang Z K. Effect of the curing condition and high-temperature exposure on ground-granulated blast-furnace slag cement concrete[J]. International Journal of Concrete Structures and Materials，2021, 15: 15.

[137] Taylor H F W, Famy C, Scrivener K L. Delayed ettringite formation[J]. Cement and Concrete Research, 2001, 31(5): 683-693.

[138] Zdeb T. An analysis of the steam curing and autoclaving process parameters for reactive powder concretes[J]. Construction and Building Materials, 2017, 131: 758-766.

[139] Liu B J, Xie Y J, Li J. Influence of steam curing on the compressive strength of concrete containing supplementary cementing materials[J]. Cement and Concrete Research, 2005, 35(5): 994-998.

[140] Detwiler R J, Kjellsen K O, Gjorv O E. Resistance to chloride intrusion of concrete cured at different temperatures[J]. Materials Journal, 1991, 88(1): 19-24.

[141] Ba M F, Qian C X, Guo X J, et al. Effects of steam curing on strength and porous structure of concrete with low water/binder ratio[J]. Construction and Building Materials, 2011, 25(1): 123-128.

[142] Aldea C M, Young F, Wang K J, et al. Effects of curing conditions on properties of concrete using slag replacement[J]. Cement and Concrete Research, 2000, 30(3): 465-472.

[143] Zou C, Long G C, Xie Y J, et al. Evolution of multi-scale pore structure of concrete during steam-curing process[J]. Microporous and Mesoporous Materials, 2019, 288: 109566.

[144] Ye H L, Radlińska A. Shrinkage mechanisms of alkali-activated slag[J]. Cement and Concrete Research, 2016, 88: 126-135.

[145] Lombardi J, Perruchot A, Massard P, et al. Tude comparée de gels silico-calciques produits des réactions alcalis-granulats dans les bétons et de gels synthétiques types[J]. Cement & Concrete Research, 1996, 26(4):623-631.

[146] Yazici H. The effect of steel micro-fibers on ASR expansion and mechani-

cal properties of mortars[J]. Construction and Building Materials, 2012, 30: 607 – 615.

[147] Beglarigale A, Yazici H. Mitigation of detrimental effects of alkali-silica reaction in cement-based composites by combination of steel microfibers and ground – granulated blast-furnace slag[J]. Journal of Materials in Civil Engineering, 2014, 26(12): 04014091.

[148] Shi C J, Jiménez A F, Palomo A. New cements for the 21st century: The pursuit of an alternative to Portland cement[J]. Cement and Concrete Research, 2011, 41(7): 750 – 763.

[149] Brough A R, Atkinson A. Sodium silicate-based, alkali-activated slag mortars: Part I. strength, hydration and microstructure[J]. Cement and Concrete Research, 2002, 32(6): 865 – 879.

[150] Abdulkareem O A, Mustafa Al Bakri A M, Kamarudin H, et al. Effects of elevated temperatures on the thermal behavior and mechanical performance of fly ash geopolymer paste, mortar and lightweight concrete[J]. Construction and Building Materials, 2014, 50: 377 – 387.

[151] Li Q, Yang K, Yang C H. An alternative admixture to reduce sorptivity of alkali-activated slag cement by optimising pore structure and introducing hydrophobic film[J]. Cement and Concrete Composites, 2019, 95: 183 – 192.

[152] Marjanović N, Komljenović M, Baščarević Z, et al. Physical-mechanical and microstructural properties of alkali-activated fly ash-blast furnace slag blends[J]. Ceramics International, 2015, 41(1): 1421 – 1435.

[153] Yang L Y, Jia Z J, Zhang Y M, et al. Effects of nano-TiO_2 on strength, shrinkage and microstructure of alkali activated slag pastes[J]. Cement and Concrete Composites, 2015, 57: 1 – 7.

[154] El-Feky M S, Kohail M, El-Tair A M, et al. Effect of microwave curing as compared with conventional regimes on the performance of alkali activated slag pastes [J]. Construction and Building Materials, 2020, 233: 117268.

[155] Palomo A, Grutzeck M W, Blanco M T. Alkali-activated fly ashes: A cement for the future[J]. Cement and Concrete Research, 1999, 29(8): 1323-1329.

[156] Steenbruggen G, Hollman G G. The synthesis of zeolites from fly ash and the properties of the zeolite products[J]. Journal of Geochemical Explora-

tion, 1998, 62(1-3): 305-309.

[157] Fernández-Jiménez A, Palomo A. Composition and microstructure of alkali activated fly ash binder: Effect of the activator[J]. Cement and Concrete Research, 2005, 35(10): 1984-1992.

[158] Provis J L, Bernal S A. Geopolymers and related alkali-activated materials [J]. Annual Review of Materials Research, 2014, 44: 299-327.

[159] Bhardwaj B, Kumar P. Waste foundry sand in concrete: A review[J]. Construction and Building Materials, 2017, 156: 661-674.

[160] Mymrin V, Stella J C, Scremim C B, et al. Utilization of sediments dredged from marine ports as a principal component of composite material [J]. Journal of Cleaner Production, 2017, 142: 4041-4049.

[161] Kim C, Mork J, Choi Y. A Study on the Analysis of Reusability of Marine Dredged Fine-grained Soils[J]. Journal of the Korean Geoenvironmental Society, 2015, 16(9): 5-12.

[162] Puertas F, Martínez-Ramírez S, Alonso S, et al. Alkali-activated fly ash/slag cements: Strength behaviour and hydration products[J]. Cement and Concrete Research, 2000, 30(10): 1625-1632.

[163] Ismail I, Bernal S A, Provis J L, et al. Influence of fly ash on the water and chloride permeability of alkali-activated slag mortars and concretes[J]. Construction and Building Materials, 2013, 48: 1187-1201.

[164] Lecomte I, Henrist C, Liégeois M, et al. (Micro)-structural comparison between geopolymers, alkali-activated slag cement and Portland cement [J]. Journal of the European Ceramic Society, 2006, 26(16): 3789-3797.

[165] Haha M B, Saout G L, Winnefeld F, et al. Influence of activator type on hydration kinetics, hydrate assemblage and microstructural development of alkali activated blast-furnace slags[J]. Cement and Concrete Research, 2011, 41(3): 301-310.

[166] Van Jaarsveld J G S, Van deventer J S J, Schwartzman A. The potential use of geopolymeric materials to immobilise toxic metals: Part II. Material and leaching characteristics [J]. Minerals Engineering, 1999, 12(1): 75-91.

[167] Lee N K, Lee H K. Reactivity and reaction products of alkali-activated, fly ash/slag paste[J]. Construction and Building Materials, 2015, 81: 303-312.

[168] Nath P, Sarker P K. Flexural strength and elastic modulus of ambient-cured blended low-calcium fly ash geopolymer concrete[J]. Construction

and Building Materials, 2017, 130: 22 – 31.

[169] Ismail I, Bernal S A, Provis J L, et al. Modification of phase evolution in alkali-activated blast furnace slag by the incorporation of fly ash[J]. Cement and Concrete Composites, 2014, 45: 125 – 135.

[170] Hu X, Shi C J, Shi Z G, et al. Compressive strength, pore structure and chloride transport properties of alkali-activated slag/fly ash mortars[J]. Cement and Concrete Composites, 2019, 104: 103392.

[171] Collins F, Sanjayan J G. Effect of pore size distribution on drying shrinking of alkali-activated slag concrete[J]. Cement and Concrete Research, 2000, 30(9): 1401 – 1406.

[172] Ye H L, Cartwright C, Rajabipour F, et al. Understanding the drying shrinkage performance of alkali-activated slag mortars[J]. Cement and Concrete Composites, 2017, 76: 13 – 24.

[173] Cartwright C, Rajabipour F, Radlińska A. Shrinkage characteristics of alkali-activated slag cements[J]. Journal of Materials in Civil Engineering, 2015, 27(7): B4014007.

[174] Mindess S, Young J F, Darwin D. Concrete [M]. 2nd. Englewood Cliffs: Prentice Hall, 2002.

[175] Hojati M, Rajabipour F, Radlińska A. Drying shrinkage of alkali-activated cements: Effect of humidity and curing temperature[J]. Materials and Structures, 2019, 52(6): 118.

[176] Ye H, Radlińska A. A review and comparative study of existing shrinkage prediction models for portland and non-portland cementitious materials[J]. Advances in Materials Science and Engineering, 2016(4):1 – 13.

[177] Sadique M, Nageim H A, Atherton W, et al. A new composite cementitious material for construction[J]. Construction & Building Materials, 2012, 35(none):846 – 855.

[178] Myers R J, Bernal S A, Gehman J D, et al. The role of Al in cross-linking of alkali-activated slag cements[J]. Journal of the American Ceramic Society, 2015, 98(3): 996 – 1004.

[179] Yang T, Yao X, Zhang Z H, et al. Mechanical property and structure of alkali-activated fly ash and slag blends[J]. Journal of Sustainable Cement-Based Materials, 2012, 1(4): 167 – 178.

[180] Puertas F, Fernández-Jiménez A. Mineralogical and microstructural char-

acterisation of alkali-activated fly ash/slag pastes[J]. Cement and Concrete Composites, 2003, 25(3): 287 – 292.

[181] Fernández-Jiménez A, Palomo A, Criado M. Microstructure development of alkali-activated fly ash cement: A descriptive model[J]. Cement and Concrete Research, 2005, 35(6): 1204 – 1209.

[182] Ríos R C A, Williams C D, Roberts C L. A comparative study of two methods for the synthesis of fly ash-based sodium and potassium type zeolites[J]. Fuel, 2009, 88(8): 1403 – 1416.

[183] Giannopoulou I, Panias D. Hydrolytic stability of sodium silicate gels in the presence of aluminum[J]. Journal of Materials Science, 2010, 45(19): 5370 – 5377.

[184] Gu Y M, Fang Y H, Gong Y F, et al. Effect of curing temperature on setting time, strength development and microstructure of alkali activated slag cement[J]. Materials Research Innovations, 2014, 18(SUPPL. 2): S2 – 829 – S2 – 832.

[185] Escalante-Garcia J I, Castro-Borges P, Gorokhovsky A, et al. Portland cement-blast furnace slag mortars activated using waterglass: Effect of temperature and alkali concentration[J]. Construction and Building Materials, 2014, 66: 323 – 328.

[186] Rakhimova N R, Rakhimov R Z. Individual and combined effects of Portland cement-based hydrated mortar components on alkali-activated slag cement[J]. Construction and Building Materials, 2014, 73: 515 – 522.

[187] Živica V. Effects of type and dosage of alkaline activator and temperature on the properties of alkali-activated slag mixtures[J]. Construction and Building Materials, 2007, 21(7): 1463 – 1469.

[188] Pelisser F, Gleize P J P, Mikowski A. Effect of the Ca/Si molar ratio on the micro/nanomechanical properties of synthetic C-S-H measured by nanoindentation[J]. The Journal of Physical Chemistry C, 2012, 116(32): 17219 – 17227.

[189] Oh J E, Clark S M, Monteiro P J M. Does the Al substitution in C-S-H(I) change its mechanical property? [J]. Cement and Concrete Research, 2011, 41(1): 102 – 106.

[190] Liew K M, Sojobi A O, Zhang L W. Green concrete: Prospects and challenges[J]. Construction and Building Materials, 2017, 156: 1063 – 1095.

[191] Kirthika S K, Singh S K, Chourasia A. Alternative fine aggregates in production of sustainable concrete: A review[J]. Journal of Cleaner Production, 2020, 268: 122089.

[192] Gopinath S, Thakoor N, Gao J, et al. A Statistical Approach for Intensity Loss Compensation of Confocal Microscopy Images[C]// IEEE International Conference on Image Processing. IEEE, 2015.

[193] Sheehan C, Harrington J. Management of dredge material in the Republic of Ireland:A review[J]. Waste Management, 2012, 32(5): 1031 – 1044.

[194] Iqbal M F, Liu Q F, Azim I, et al. Prediction of mechanical properties of green concrete incorporating waste foundry sand based on gene expression programming[J]. Journal of Hazardous Materials, 2020, 384: 121322.

[195] del Coz Diaz J J, Garcia-Nieto P J, Alvarez-Rabanal F P, et al. The use of response surface methodology to improve the thermal transmittance of lightweight concrete hollow bricks by FEM[J]. Construction and Building Materials, 2014, 52: 331 – 344.

[196] Ferdosian I, Camões A. Eco-efficient ultra-high performance concrete development by means of response surface methodology[J]. Cement and Concrete Composites, 2017, 84: 146 – 156.

[197] Zahid M, Shafiq N, Isa M H, et al. Statistical modeling and mix design optimization of fly ash based engineered geopolymer composite using response surface methodology[J]. Journal of Cleaner Production, 2018, 194: 483 – 498.

[198] Muthukumar M, Mohan D, Rajendran M. Optimization of mix proportions of mineral aggregates using Box Behnken design of experiments[J]. Cement and Concrete Composites, 2003, 25(7): 751 – 758.

[199] Kockal N U, Ozturan T. Optimization of properties of fly ash aggregates for high-strength lightweight concrete production[J]. Materials & Design, 2011, 32(6): 3586 – 3593.

[200] Attanayaka D P, Herath K. Estimation of rheological properties of self-compacting concrete using slump and slump flow tests[C]// National Conference on Technology & Management. IEEE, 2017:46 – 50.

[201] Basar H M, Aksoy N D. The effect of waste foundry sand (WFS) as partial replacement of sand on the mechanical, leaching and micro-structural characteristics of ready-mixed concrete [J]. Construction and Building Ma-

terials, 2012,35：508 − 15.

[202] Nécira B, Guettala A, Guettala S. Study of the combined effect of different types of sand on the characteristics of high performance self-compacting concrete[J]. Journal of Adhesion Science and Technology，2017，31(17)：1912 − 1928.

[203] Wang Z，Wang L，Su H，et al. Optimization of coarse aggregate content based on efficacy coefficient method[J]. Journal of Wuhan University of Technology-Materials Science Edition，2011，26(2)：329 − 334.

[204] Tran-Duc T，Ho T，Thamwattana N. A smoothed particle hydrodynamics study on effect of coarse aggregate on self-compacting concrete flows[J]. International Journal of Mechanical Sciences，2021，190：106046.

[205] Yan W，Wu G，Dong Z. Optimization of the mix proportion for desert sand concrete based on a statistical model[J]. Construction and Building Materials，2019，226：469 − 482.

[206] Meddah M S，Zitouni S，Belaabes S. Effect of content and particle size distribution of coarse aggregate on the compressive strength of concrete[J]. Construction and Building Materials，2010，24(4)：505 − 512.

[207] Su N，Miao B. A new method for the mix design of medium strength flowing concrete with low cement content[J]. Cement and Concrete Composites，2003，25(2)：215 − 222.

[208] Yang T，Yao X，Zhang Z，et al. Mechanical property and structure of alkali-activated fly ash and slag blends[J]. Journal of Sustainable Cement-Based Materials，2012，1(4)：167 − 178.

[209] Mohammed B S，Fang O C，Anwar Hossain K M，et al. Mix proportioning of concrete containing paper mill residuals using response surface methodology[J]. Construction and Building Materials，2012，35：63 − 68.

[210] 中华人民共和国住房和城乡建设部. 混凝土物理力学性能试验方法标准：GB/T 50081—2019[S]. 北京：中国建筑工业出版社，2019.

[211] 郑文忠，邹梦娜，王英. 碱激发胶凝材料研究进展[J]. 建筑结构学报，2019，40(1)：28 − 39.

[212] Siddique R，De Schutter G，Noumowe A. Effect of used-foundry sand on the mechanical properties of concrete[J]. Construction and Building Materials，2009，23(2)：976 − 980.

[213] 沈晓钧. 特细砂高性能混凝土研究与应用[D]. 咸阳：西北农林科技大

学,2008.

[214] 李玉根，张慧梅，刘光秀，等. 风积砂混凝土基本力学性能及影响机理[J]. 建筑材料学报，2020，23(5)：1212-1221.

[215] Siddique R，Aggarwal Y，Aggarwal P，et al. Strength，durability，and microstructural properties of concrete made with used-foundry sand (UFS)[J]. Construction and Building Materials，2011，25(4)：1916-1925.

[216] Glucklich J，Korin U. Effect of moisture content on strength and strain energy release rate of cement mortar[J]. Journal of the American Ceramic Society，1975，58(11/12)：517-521.

[217] Siddique R，Kunal，Mehta A. Utilization of industrial by-products and natural ashes in mortar and concrete development of sustainable construction materials[M]//Nonconventional and Vernacular Construction Materials. Amsterdam：Elsevier，2020：247-303.

[218] 任岩，曹宏，姚逢昌，等. 岩石脆性评价方法进展[J]. 石油地球物理勘探，2018，53(4)：875-886.

[219] Zhang K，Zhao L Y，Ni T，et al. Experimental investigation and multiscale modeling of reactive powder cement pastes subject to triaxial compressive stresses[J]. Construction and Building Materials，2019，224：242-254.

[220] 陈宇良，吉云鹏，陈宗平，等. 三轴应力下卵石混凝土力学性能与本构关系[J]. 建筑材料学报，2022，25(1)：31-36.

[221] Zhang L L，Cheng H，Wang X J，et al. Statistical damage constitutive model for high-strength concrete based on dissipation energy density[J]. Crystals，2021，11(7)：800.

[222] 常西亚，卢爱红，胡善超，等. 孔隙率对混凝土力学性能及能量耗散的影响研究[J]. 新型建筑材料，2019，46(4)：12-15.

[223] 李毅，程桦，张亮亮. 不同围压下C60混凝土三轴压缩过程能量分析[J]. 应用力学学报，2020，37(5)：2086-2093.

[224] Escalante-García J I，Fuentes A F，Gorokhovsky A，et al. Hydration products and reactivity of blast-furnace slag activated by various alkalis[J]. Journal of the American Ceramic Society，2003，86(12)：2148-2153.

[225] Zhang J，Shi C J，Zhang Z H. Carbonation induced phase evolution in alkali-activated slag/fly ash cements：The effect of silicate modulus of activators[J]. Construction and Building Materials，2019，223：566-582.

[226] Gruskovnjak A，Lothenbach B，Holzer L，et al. Hydration of alkali-acti-

vated slag: Comparison with ordinary Portland cement[J]. Advances in Cement Research, 2006, 18(3): 119 - 128.

[227] 吴中伟, 廉慧珍. 高性能混凝土[M]. 北京: 中国铁道出版社, 1999.

[228] 黄海健, 宫能平, 穆朝民, 等. 泡沫混凝土动态力学性能及本构关系[J]. 建筑材料学报, 2020, 23(2): 466 - 472.

[229] 袁晓辉, 周峰, 陈磊磊, 等. 碱矿渣混凝土的动态冲击力学性能试验研究[J]. 混凝土, 2017(5): 43 - 46.

[230] CEB. CEB-FIP Model Code 1990, First Draft[S]. CEB Bulletin D'information, 1990.

[231] 吴彰钰, 余红发, 麻海燕, 等. C45 珊瑚混凝土的冲击压缩性能试验及数值模拟[J]. 东南大学学报(自然科学版), 2020, 50(3): 488 - 495.

[232] 谢友均, 王猛, 马昆林, 等. 不同养护温度下蒸养混凝土的冲击性能[J]. 建筑材料学报, 2020, 23(3): 521 - 536.

[233] 马菊荣. 沙漠砂混凝土准静态、动态力学性能研究[D]. 银川: 宁夏大学, 2015.

[234] 孙超伟, 陈兴周, 柴军瑞, 等. 冻融环境下水工碾压混凝土单轴动态抗压性能研究[J/OL]. [2023 - 02 - 19]. http://kns.cnki.net/kcms/detail/32.1613. TV.20220726.1657.004.html

[235] 吴文娟, 汪稔, 朱长歧, 等. 珊瑚骨料混凝土动态压缩性能的试验研究[J]. 建筑材料学报, 2019, 22(1): 7 - 14.

[236] 杨健辉, 李潇雅, 叶亚齐, 等. 全轻纤维混凝土的 SHPB 冲击强度与耗能效应[J]. 振动与冲击, 2020, 39(2): 148 - 153.

[237] Grote D L, Park S W, Zhou M. Dynamic behavior of concrete at high strain rates and pressures: I. experimental characterization[J]. International Journal of Impact Engineering, 2001, 25(9): 869 - 886.

[238] 王道荣, 胡时胜. 骨料对混凝土材料冲击压缩行为的影响[J]. 实验力学, 2002, 17(1): 23 - 27.